KB200914

무슬림 인구 비율

- ▨ 50% 이상
- ▦ 21-50% 이상
- ▩ 11-20% 이상
- ☐ 5-10% 이상
- ▨ 1-4% 이상
- ▥ 1% 이하

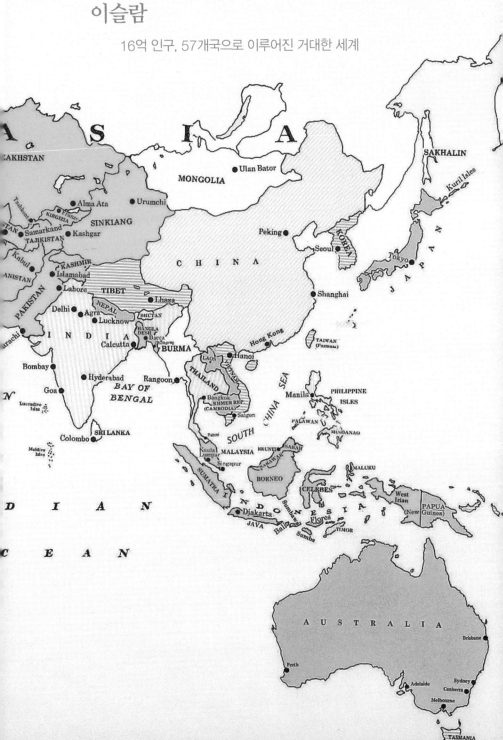

이슬람

16억 인구, 57개국으로 이루어진 거대한 세계

나의 이슬람문화 체험기

Professor Choi Young-Gil's Pleasant Islam Travels

by Choi Young-Gil

나의 이슬람문화 체험기

최영길 지음

한길사

나의 이슬람문화 체험기

지은이 · 최영길
펴낸이 · 김언호
펴낸곳 · (주)도서출판 한길사

등록 · 1976년 12월 24일 제74호
주소 · 413-120 경기도 파주시 광인사길 37
    www.hangilsa.co.kr
    E-mail: hangilsa@hangilsa.co.kr
전화 · 031-955-2000~3   팩스 · 031-955-2005

부사장 · 박관순 | 총괄이사 · 김서영 | 관리이사 · 곽명호
영업이사 · 이경호 | 경영담당이사 · 김관영 | 기획위원 · 류재화
책임편집 · 서상미 | 편집 · 백은숙 안민재 김지희 김지연 이지은 김광연 이주영
마케팅 · 윤민영 | 관리 · 이중환 문주상 김선희 원선아

CTP 출력 · 알래스카 커뮤니케이션 | 인쇄 및 제본 · (주)네오프린텍

제1판 제1쇄 2012년 6월 30일
제1판 제2쇄 2014년 7월 25일

값 17,000원
ISBN 978-89-356-6537-2 03980

● 잘못 만들어진 책은 구입하신 서점에서 바꿔드립니다.

이 도서의 국립중앙도서관 출판시도서목록(CIP)은
e-CIP홈페이지(http://www.nl.go.kr/ecip)에서 이용하실 수 있습니다.
(CIP제어번호: CIP2012002658)

사우디아라비아 유학 시절 기숙사 사감이 나를 호출했다.
그는 매일 면도를 하던 내게 수염을 깎는 것은 이슬람 전통(sunnah)에
위배되며 이는 곧 학칙을 위반하는 것과 다름없다고 경고했다.
기숙사에서 쫓겨나면 갈 데가 없던 나는 당장 수염을 기르기 시작했다.
그렇지만 수염이 왜 그리 중요한지 도무지 이해할 수 없었다.
평소 내게 신경을 써주신 아브라힘 교수님께
왜 수염을 길러야 하는지 물었다.
그런데 그는 답을 주는 것이 아니라 오히려 엉뚱한 질문을 했다.
"예수님을 아시나요?"
수염과 예수님이 무슨 상관이란 말인가?
나는 의문을 잔뜩 품은 채 그의 말에 귀를 기울였다.

이슬람에 대한 올바른 이해가 필요하다

🍀 머리말

    동남아시아에 위치하고 있는 말레이시아, 브루나이, 인도네시아 3개국을 제외하면 중앙아시아, 중동, 아프리카 대륙에 위치하고 있는 54개국 이슬람세계는 우리나라에서 멀리 떨어져 있다. 그렇지만 이 나라들은 우리나라에 많은 영향을 미치고 있다.

    미국과 동맹인 한국은 미국과 이슬람세계의 분쟁에 참여했다. 미국이 주도한 걸프전의 한국군 파병을 비롯해서 미국의 아프가니스탄과 이라크 침공에 따른 한국군 파견 안건이 국회의 인준을 받는 과정에서 찬성과 반대여론으로 여론이 분열되고 국력이 낭비되는 것을 우리는 지켜보았다.

    또한 파병으로 인해 이슬람원리주의자들이 공공연히 테러 위협을 가하면서 불안이 커지기도 했다. 다행히 그들이 우리에게 9·11과 같은 직접적인 테러는 가하지 않았지만 샘물교회사건같이 한국인이 피랍되거나 테러의 목표물이 될 수 있는 상황은 언제든지 일어날 수 있음을 알아야 한다.

    경제에 미치는 영향도 무시할 수 없다. 에너지 수입 다변화 노력에도 이슬람권 산유국에 대한 원유 수입 의존도는 여전히 높다. 2009년 기준으로 한국의 원유 수입 가운데 중동 의존도는 84.5퍼센트로 전 세계 평균 35.1퍼센트의 배가 넘는다. 우리나라 경제에 가장 큰 영향력을 미치는 나라를 묻는다면 대부분의 한국인은 미국, 중국, 일본이라고 말할 것이다. 그런데 나는 그 이상으로 우리 경제에 영향을 미치는 나라는 우리나라에 원유를 공급하고 있는 이슬람국가들이라고 생각한다. 만일 이들 산유국들이 대한(對韓) 수출금지령을 내린다면 한국의 모든 공장들이 문을 닫을 수밖에 없을 것이다.

인간이 공기와 물 없이는 생존할 수 없는 것처럼 석유는 산업의 공기이자 물이다. 1973년 제4차 중동전쟁이 일어났을 때 사우디아라비아는 이스라엘과 외교관계를 맺고 있는 국가에 원유수출 금지령을 내렸다. 한국도 예외일 수 없었다. 이때 우리나라는 미국과 동맹관계에 있음에도 주한 이스라엘 대사관을 폐쇄할 수밖에 없었다.

이슬람세계는 큰 시장이기도 하다. 상품수출의 시장성도 무시할 수 없지만 한국기업들의 진출이 필요한 지역이다. 우리는 베트남전에서 생명과 피를 대가로 외화를 들여왔고 중동에서는 노동과 땀으로 벌어들인 돈으로 경제발전을 이룩했다. 중동은 이제 한국의 기술과 플랜트를 필요로 하고 있다.

우리는 부존자원이 없는 나라다. 자원을 외국에서 수입해야 한다. 현재도 그렇지만 미래에는 더더욱 자원 확보 문제가 가장 클 것이다. 거대한 영토를 갖고 있는 이슬람 57개국에는 없는 자원이 없다. 산림자원을 비롯하여 관광자원, 수산자원, 모래자원, 지하자원, 태양열 자원 등이 풍부하다.

우리는 대다수 이슬람국가들과 외교관계를 맺고 있으며 한국의 많은 기업들이 진출하고 있다. 상품수출에서부터 플랜트 수출, 원자력발전소, 잠수함에 이르기까지 다양한 분야의 제품과 기술을 수출하고 있다. 그뿐만 아니라 한국과 이슬람세계 간의 인적교류도 크게 늘고 있다. 그런데 이러한 교류확대에 비해 크게 뒷걸음치고 있는 분야가 있다. 이슬람문화에 대한 올바른 이해가 바로 그것이다.

교류가 많다보면 예상하지 못했던 사건사고가 발생할 수 있고 때로는 그들의 협력이 필요할 때가 있다. 사우디아라비아에서 유학하고 있을 때 나는 사고처리반장이라는 별명을 들을 정도로 그곳에 진출한 한국인들의 이런저런 사고들을 해결했다. 두 성지 메카와 메디나 공사에 한국 인력을 투입하는 과정에서부터 교통사고, 구속된 한국인 조기석방, 재판 등의 문제가 발생할 때마다, 사우디아라비아 무슬림들의 협조를 받아낼 수 있었던 것은 내가 이슬람문화에 대한 올바른 지식과 상식을 갖추고 있었기 때문이다.

한국에 대한 원유 수출금지수조치가 있었을 때에도 모 기관 소속의 한 분이 무슬림이 되어 일본에서 치료를 받고 있던 파이살 국왕을 방문하고는 한국이슬람교 이름으로 금수조치를 풀어달라는 서한을 전달했다. 그러자 수출금지조치가 풀렸다. 아프가니스탄에 가서 인질로 잡힌 샘물교회 한국인들을 구출하는 데도 사우디아라비아의 중재가 가장 큰 역할을 했다. 우리가 57개 이슬람국가들과 친밀한 우호관계를 유지하기 위해서는 경제교류 못지않게 서로의 문화를 올바로 이해하는 인식과 자세가 필요하다.

이슬람문명에 발을 들인 지 36년. 그동안 이슬람 관련서만 60여권을 펴냈지만, 이 책『나의 이슬람문화 체험기』처럼 내 경험을 바탕으로 이슬람문화를 소개한 적은 없었다. 이 책은 유학시절부터 틈틈이 써오던 일기와 기록을 바탕으로 재구성한 것이다. 모쪼록 나의 지식이 이슬람에 대한 편견과 오해를 깨고, 그들과 친구가 되는 데 작은 보탬이 되었으면 한다.

2012년 5월
최영길

1

앗살람 알라이쿰 — 이슬람과 만나다

지금의 영어 몰입과 서구를 중심으로 한 교육으로는
진정한 세계화를 이룰 수 없다.
진정한 세계화는 위와 코로 시작해서
현지인과 따뜻한 마음과 정을 나눌 수 있도록
혀가 적응해야 한다.

너, 정신 나갔니?

내가 이슬람세계에 발을 내딛은 때는 불교와 기독교를 모두 경험한 뒤였다. 내가 어머니 배 속에 있을 때 부친이 사상 문제로 총살을 당하면서 집안은 풍비박산이 났다. 그 결과 어쩔 수 없는 가정형편으로 초등학교 시절 5년 동안 절 밥을 먹으며 어머니가 하시는 대로 부처 앞에서 절을 하고 관세음보살을 외우며 불교문화의 양분을 섭취하면서 살았다. 이것은 부처의 뜻이었을까!

이후에도 가정형편이 나아지지 않아 교회가 운영하는 중학교와 교회를 다녀야 했다. 여기서 『성경』을 읽고 찬송가를 부르며 3년간 기독교 신자로서 공부했다. 이것은 예수의 뜻이었을까! 불교와 기독교를 모두 경험한 내가 이슬람세계로 여행을 떠난 것은 무슨 조화였을까? 이것은 알라의 뜻이었을까!

지금으로부터 36년 전 나는 유학을 떠나기로 마음먹었다. 1976년 12월 5일 저녁의 일이었다. 당시로서는 큰 결심을 한 나를 응원하기 위해 가족과 친지들이 모여 밤늦게까지 이야기꽃을 피우고 있었다. 밖에서 친구들을 만나고 돌아온 나를 보자 가족들은 나와 미국에 관한 이야기로 화제를 돌렸다.

"미국사람들이 코는 뾰족하고 눈은 새파랗다고 하는데 정말 그런 겨? 꼬부랑 글씨에 꼬부랑 말을 하는 사람들하고 어떻게 산대? 그 사람들은 무엇을 먹고 사는겨? 듣기로는 딱딱한 빵하고 괴기만 먹고 산다는데……, 그곳에 가면 김치도 없고 밥도 못 먹겠네. 가기 전에 밥이랑 김치랑 많이 먹고 가소. 그리고 거기 여자들은 아무 데서나 상스럽게 남자 주둥이에 입을 갖다 댄다는데 자네는 절대 그러지 마러. 알겠지?"

가족과 친지 모두는 내가 미국으로 갈 것이라고 믿고 있었다. 그도 그럴 것이 당시에는 외국이라면 미국밖에 모르던 시절이었다. 게다가 고교시절에는 평화봉사단 일원으로 한국에 파견된 미국선교사와 어울려 다녔고 대학시절에는 펜팔로 맺어진 미국인 친구 루이스(Lewis)를 통해서 미국대학으로부터 초청장을 받은 터였다. 그러니 미국으로 유학을 갈 거라는 가족들의 확신은 당연한 것이었다.

가족들은 내가 사우디아라비아 정부에서 한국에 파견한 이집트 국적의 하미드 엘콜리(Hamid Elkholi) 교수님의 주선으로 사우디아라비아 정부장학생 초청장을 받은 것도 알고 있었지만 그곳으로 유학을 떠날 거라고는 상상조차 해본 적이 없는 것 같았다. 그러나 나는 이미 사우디아라비아 유학 입국비자를 받아 12월 14일에 출국하기로 결정한 상태였다.

"걱정 마세요. 제 주둥이에 입을 갖다 댈 여자는 아무도 없을 테니까요. 저는 미국이 아니라 사우디아라비아로 유학을 갈 거거든요."

이 말에도 가족들은 농담인 줄 알았나 보다.

"거기는 사막하고 낙타밖에 없다고 하던데, 그래서 여자가 없는 거여? 그럼 걱정 안 해도 되겠네."

나는 더 이상 오해가 쌓이면 곤란하겠다 싶어서 사우디아라비아 입국비자가 찍힌 여권을 보여드렸다.

"정말로 저 사우디아라비아로 유학 가요."

그제야 사실을 확인한 가족들은 믿을 수 없다는 듯 서로 얼굴을 쳐다보더니 연습이라도 한 것처럼 동시에 이렇게 외쳤다.

"너, 정신 나갔니?"

지금은 아랍문화권에 대한 베일이 어느 정도 벗겨지기는 했지만 당시 한국에서 사우디아라비아에 대해 아는 사람은 거의 없었다. 나도 사우디아라비아에 유학을 가기로 덜컥 결정은 했지만 그곳에 대해 아는 것이 전혀 없었으니 말이다. 무슨 용기로 그런 결정을 했는지 지금 생각해봐도 신기할 정도다. 게다가 공부를 위해서라면 아무래도 아랍권 국가보다는 미국이 나은 것은 그때나 지금이나 변하지 않은 현실이다. 만일 내 제자나 자식이 미국과 사우디아라비아로부터 동일한 조건의 장학생으로 유학 초청을 받는다면 나는 두말할 것도 없이 미국을 택하라고 권할 것이다. 그런데 도대체 나는 왜 사우디아라비아를 택했을까. 가족들이 말한 것처럼 귀신에 홀려서 간 것은 아닐까. 단순히 내 마음에 새겨진 이국(異國)에 대한 향수가 나를 그곳으로 이끈 것일까.

고교시절 꿈은 항상 나를 배려해준 루이스와 역시 펜팔을 통해 알게 된 인형 같은 외모의 소녀가 있는 미국에 가보는 것이었다. 혈기왕성할 때라 그 소녀와 만나는 상상을 하며 막연한 기대를 해보기도 했다. 그런데 결국 태어나서 탄 첫 비행기는 아는 사람도 없고 아는 것도 없었던, 상상의 나래를 펼 건더기 하나 없는 사우디아라비아행이었던 것이다.

나는 가족들이 붙여준 '정신 나간 녀석'이라는 꼬리표를 달고 그해 12월 14일 김포공항을 출발해서 타이베이, 방콕, 홍콩, 뉴델리, 뭄바이를 경유해 홍해에 위치한 사우디아라비아의 항구도시 제다

제다는 사우디아라비아 서쪽에서 가장 큰 도시이자 성지로 통하는 관문이다.
사진은 제다의 상징 중 하나인 카우스트 등대.

(Jeddah)에 도착했다. 그리고 제다에서 만난 한국 대사관의 S서기관의 안내로 12월 24일 메카를 향해 떠나면서 '정신 나간 녀석'의 기나긴 이슬람여행이 시작되었다.

세계화는 냄새 맡고 맛보고 생각하는 것

사우디아라비아로 가는 길은 순탄치 않았다. 여러 나라를 경유해 가야 했기에 비행기 시간을 맞추는 게 문제였다. 홍콩에서 팬암 여객기의 이륙이 세 시간 반 정도 지연되면서, 인도의 뉴델리 공항에서 갈아타야 할 뭄바이행 국내선 비행기도 놓치게 되었다. 그 결과 뉴델리에서 5일 정도 머물러야 했고 뭄바이에 도착해서도 사우디아라비아 제다행 비행기 예약이 밀리면서 10일을 더 묵게 되었다.

비행기 이륙이 늦춰지면서 어쩔 수 없이 머물게 된 인도에서 2주간 여행을 하게 되었다. 이것은 외부 세계와의 첫 경험이 되었다. 그리고 그때를 시작으로 사우디아라비에서 4년, 그리고 아프리카의 수단에서 지낸 3년 동안의 유학생활은 여러 지역의 서로 다른 음식과 냄새와 언어와 문화를 접하는 기회이기도 했다.

외국의 음식문화를 받아들이는 것은 쉽지 않았다. 어떤 지역의 음식은 마치 설사해놓은 배설물 같아 쳐다보기도 싫었고, 이상야릇한 색소에 기름 덩어리가 뒤섞여 쉽게 손이 가지 않는 음식을 내놓는 곳도 있었다. 거기에다 손으로 밥을 먹고 손으로 쥐어 다른 사람에게 밥을 건네주는 모습이 나로 하여금 비위를 상하게 했다.

현지 음식만을 접하다보니 처음에는 한국음식만 생각나고 제대로 먹지 못해 몸무게가 눈에 띄게 줄어들었다. 그런데 주린 배를 잡고 생각해보니 한국으로 돌아갈 게 아니면 어쨌든 여기서 먹고 살지 않으면 안 되겠다는 생각이 들었다. 그래서 먼저 현지 음식에 적응해야겠다고 마음먹었다. 먹기 싫어도, 냄새가 나고 비위가 상해도 먹었다. 여러 사람이 둘러앉아 함께 먹는 밥에 새까만 손들이 들어올 때는 눈을 감고 먹었다. 이렇게 지내자 내 위는 어느덧 현지 음식에 적응하기 시작했다. 먹어도 먹은 것 같지 않고 거북하던 음식은 이제 내게 힘을 주고 있었다.

나라마다 기후와 식품재료와 요리방법이 다르다보니 음식 맛과 냄새가 다르고 그러다보니 사람들의 체취와 화장실 냄새까지 달라진다. 사우디아라비아에서 적응했는데도 수단의 아프리카 음식은 내 코를 괴롭혔다. 이슬람전통에 따라 서로 껴안고 인사를 주고받을 때 상대방 몸에서 풍겨 나오는 이상야릇한 냄새, 그리고 화장실에서 일을 볼 때 풍기는 고약한 냄새에는 코를 막을 수밖에 없었다. 다시 수단 지역의 냄새에 적응하기 위한 노력을 해야 했다. 한 번만 맡아도 될 냄새를 일부러 두 번 세 번 맡아가면서 가능한 빨리 현지 냄새에 적응하려고 노력했다. 그러자 처음에는 그렇게도 고약했던 냄새에 서서히 적응이 되면서 어떤 것은 고소하게 느껴질 정도가 되었다.

말과 글은 그 나라의 문화를 이해하는 데 가장 중요한 요소다. 그런데 영어교육만이 세계화의 모든 것인 양 떠들어대는 한국의 정치지도자들을 보면 세계화에 대한 상식이 초등학생 수준처럼 느껴진다. 다른 나라 사람을 상대로 사업을 하고 선교를 하려면 그 지역 사람의 마음을 움직여야 한다. 때로는 따뜻한 느낌을 주고, 때로는 시원한 느낌을 심어주고, 속삭이고, 웅변을 해야 할 때가 있다. 동정과 사랑과 위로와 사랑의 마음을 전해야 할 때도 있다.

현지인의 마음을 감동시키려면 그 나라의 언어로 말해야 한다. 「머리말」에서 언급했듯이 사우디아라비아에서 체류하고 있을 때 한국교민들 사이에서 내 별명은 '사고처리반장'이었다. 내가 현지인과 영어로만 대화를 나누려고 했다면 그곳에 진출한 한국기업이나 교민들에게 일어났던 이런저런 사건사고를 원만하게 해결하는 데 별 도움이 되지 않았을 것이다. 영어를 전혀 쓰지 않는 현지 법원의 법조인과 영어를 모르는 현지인을 상대로 어떻게 영어로 설득하고 변호하고 탄원을 하겠는가!

유학시절 현지 언어를 습득하는 것보다 더 어려웠던 것은 문화를 익히는 것이었다. 언어를 몰라서 문화를 이해하지 못하는 것이 아니라 문화를 잘못 알고 있어서 언어를 습득하기 어려웠다. 한국에서 배우고 들은 이슬람문화와 그곳 대학에서 가르치고 있는 현지인들이 말하는 이슬람문화와 사이의 간극은 너무 컸다. 이러한 이유로 어떤 단어는 그 뜻을 정확히 파악하는 데 4년이 걸리기도 했다.

그때 이런 생각을 한 적이 있다.

"한국인은 이슬람을 얼마나 알고 있을까?"

그러나 국내에 들어온 지 얼마 지나지 않아 내 생각은 다음과 같이 바뀌었다.

"한국인들은 이슬람을 얼마나 모르고 있는가."

인도네시아 대통령 취임식을 보도한 국내 유력일간지의 기사와

코란에 손 얹고 "성실 수행" 神에 맹세

◇'父女 대통령' 탄생

메가와티 대통령 취임식을 보도한 『조선일보』 2001년 7월 24일자 기사.
기사에서 메가와티 대통령이 『꾸란』을 들고 있는 것으로 묘사되지만 『꾸란』은
그녀의 머리 위에 있다.

제목을 보며 이 생각은 또다시 변했다.

"한국인은 이슬람을 얼마나 잘못 알고 있는가!"

이 기자는 미국의 대통령이 취임선서를 할 때 『성경』에 손을 얹는
것처럼 이슬람국가의 왕이나 대통령도 그와 마찬가지로 『꾸란』에
손을 얹고 취임 선서를 할 것이라는 추측으로 기사를 썼다. 그러나
사진에서 『꾸란』은 대통령의 손이 아니라 머리 위에 있다. 이슬람
사람들에게 창조주 알라의 말씀인 『꾸란』 위에 피조물인 인간의
손을 그 위에 얹는 것은 상식적으로 있을 수 없는 행위인 것이다.

이런 해프닝은 미국을 중심으로 한 세계화에만 목매단 결과다. 세

계화는 전 세계의 다양한 문화를 이해하고 그들의 입장에서 생각할 수 있어야 완성된다. 그러나 지금의 영어 몰입과 서구를 중심으로 한 교육으로는 진정한 세계화를 이룰 수 없다. 진정한 세계화는 위와 코로 시작해서 현지인과 따뜻한 마음과 정을 나눌 수 있도록 혀가 적응해야 한다.

그러나 현실적으로 그런 적응을 교육현장에서 하는 게 힘들다면 최소한 다른 이의 문화를 오해 없이 이해할 수 있어야 한다. 곧 문화적 사고를 하기 위한 교육이 꼭 필요하다는 것을 실감했다.

16억 시장, 1:57의 기회

한국인은 중동이라고 하면 대부분 이슬람을 떠올린다. 이슬람을 소개한 예언자 무함마드가 중동 출신이고 이슬람교의 종주국인 사우디아라비아가 중동에 위치하고 있기 때문이다. 중동이라는 단어에서 유대교나 기독교를 연상하는 사람은 많지 않을 것이다. 유대교는 폐쇄적이고 기독교는 미국을 중심으로 한 서구의 기독교 선교사들에 의해 소개된 것이 가장 큰 이유일 것이다.

그러나 미국이 분류해놓은 세계종교지도에는 유대교와 기독교는 모두 중동에서 시작된 종교로 표시된다. 유대교의 기원은 중동이고 예수도 중동 출신이며 따라서 유대교에서 갈라져 나온 기독교도 중동이 기원이다.

중동(Middle East)은 미국의 해군 출신 마한(A.T. Mahan)에 의해 1900년경 군사전략상 붙인 이름이다. 중동은 홍해, 아랍 만, 지중해, 흑해 사이에 있는, 지리적으로 분류한 가장 작은 의미의 이슬람세계다.

　언어적으로 본 이슬람세계는 중동보다 훨씬 넓다. 아랍어를 사용하는 이슬람세계에는 22개의 국가들이 포함된다. 이슬람과 아랍어는 실과 바늘같이 떼려야 뗄 수 없는 관계다. 이슬람교의 경전인 『꾸란』이 아랍어로 기록되어 있기 때문이다. 하루 다섯 번의 예배에서 최소한 17회에서 48회 정도까지 『꾸란』의 원문 일부가 암기된다. 아랍어가 중요한 이유는 번역된 언어로는 『꾸란』의 암기나 암송이 허용되지 않기 때문이다. 이처럼 아랍어는 이슬람과 함께 아라비아 반도를 넘어 동서로 전파되면서 중동지역과 아프리카 대륙 중·북부에 아랍국가들을 중심으로 한 이슬람세계를 만들어놓았다.

　이슬람문화가 주축이 된 또 다른 이슬람세계가 있다. 아랍어를 사용하는 국가와 모국어는 아랍어가 아니지만 정치·경제·사회 전반에 이슬람교의 절대적 영향을 받고 있는 비아랍 이슬람국가들을 포함한 이슬람세계다. 우리나라에서 가장 가까이에 위치한 이슬람 금융의 선두 국가 말레이시아를 비롯해 단일 국가로는 이슬람인구가 가장 많고 산림자원과 천연자원이 풍부한 인도네시아, 지하자원이 풍부한 중앙아시아 지역, 강대국들이 자원 확보를 위해 앞다퉈 진출하고 있는 아프리카 지역을 포함한 35개국이다. 아랍어를 사용하는 22개 국가를 합치면 57개 국가, 16억 무슬림으로 형성된 이슬람세계가 보인다.

　지구촌에 한글을 모국어로 사용하는 국가는 오로지 우리뿐이다. 땅덩어리도 남북한을 합쳐봐야 22만 제곱킬로미터에 불과하다. 57개 이슬람국가 중 한 나라인 사우디아라비아 면적의 10분의 1에 해당한다. 부존자원도 거의 없다. 그렇다면 우리는 어디서 자원을 확보할 것인가? 풍부한 자원을 가진 이슬람세계를 멀리할 수 없다는 결론이 나온다.

이슬람세계는 지리적으로 한국과 멀리 떨어져 있지만 한국의 외교와 안보에도 많은 영향을 미치고 있다. 이스라엘을 앞세운 미국은 이라크 점령, 아프가니스탄 점령, 걸프전쟁, 이란, 리비아, 수단에 대한 제재와 9·11 테러 등으로 끊임없는 갈등을 빚고 있다. 미국과의 동맹인 한국은 걸프전, 이라크 전쟁, 아프가니스탄 전쟁 등에 참전했다. 이슬람과의 갈등은 리비아에서 카다피를 미행한 정보부 직원이 추방되는 사건으로 악화되기도 했다. 이제 외교와 안보에서 이슬람은 우리가 마주쳐야 할 대상인 것이다.

이슬람세계는 거대한 시장이기도 하다. 우리는 이미 70년대 토목·건설 회사들이 중동에 진출해 큰 성과를 거둔 바 있다. 이슬람세계는 지금 한국의 기술, 특히 플랜트 산업이나 원자력발전소 같은 고부가가치 산업을 필요로 한다. 또한 57개 이슬람국가와 16억 인구의 무슬림을 외면할 수는 없다. 이슬람세계를 우리의 일터로 만들기 위해서는 그들을 친구로 만들어야 한다. 그러기 위해서는 그들의 정신세계를 지배하고 있는 이슬람에 대한 정확한 상식과 지식이 뒷받침 되어야 한다. 이슬람세계를 알면 그만큼 기회가 늘어나고 손에 잡히는 것이 많아지는 것이다.

책을 짊어지고 다니는 당나귀

사우디아라비아에 도착한 뒤 이슬람의 두 번째 성지인 메디나(al

madinah al munawwarah)에 있는 왕립이슬람대학교에서 공부를 시작했다. 당시 중동의 건설 붐을 타고 사우디아라비아에 진출한 한국인은 많았지만 한국인으로서 사우디아라비아 대학 학부과정에 입학한 학생은 내가 처음이었다. 그래서였는지 나에 대한 학교와 교수님들의 배려는 특별했다. 대학교 정문에 도착했을 때 공무원 신분인 수위의 안내에서부터 등록과정, 기숙사 배정, 학교생활 안내 등 학사행정에 대한 배려는 한국의 대학에서는 생각하기 힘든 것이었다.

그들은 세심하기까지 했다. 왕립이슬람대학교는 아랍 전통 의상 형태의 교복을 입어야 했다. 학교는 내게 교복 값까지 지원해주면서 학교에 적응하도록 지원을 아끼지 않았다. 이렇게 해서 1977년 1월 2일부터 어색한 교복을 입고 첫 수업을 받게 되었다. 수업에 들어온 교수님은 "앗살람 알라이쿰"으로 학생들에게 먼저 인사를 했다. 그 인사말은 "여러분 모두에게 항상 평화가 함께 하기를 바랍니다"라는 의미다. 학생들이 먼저 교수님께 인사하는 한국의 정서와는 많이 달랐다. 나중에 알게 된 것이지만 이는 소수가 다수에게 먼저 인사하고 서 있는 사람이 앉아 있는 사람에게 먼저 인사한다는 예언자 무함마드의 가르침 때문이었다. 한국에서 배운 아랍어 덕분에, 나는 "와알라이쿰 살람"이라고 대답했다. "교수님에게도 항상 평화가 함께 하기를 바랍니다"는 뜻이다.

학생들의 출석은 뒷문으로 들어온 행정직원이 빈자리를 점검하면서 확인된다. 출석체크가 끝나자 교수님의 아랍어 문법 강의가 시작되었다. 교수님은 판서를 하고 학생들을 바라보더니 50명 중에서

하필이면 나를 호출해서 질문을 하셨다. 한국외국어대학교 아랍어과를 졸업했음에도 그 질문을 이해할 수가 없었다. 무슨 질문인지를 모르니 대답이 나올 수가 없었다. 변명 같지만 그 당시 한국의 아랍어 교육수준으로는 이 아랍 교수님의 질문을 알아들을 수가 없었다.

교수님 질문에 아무런 대답을 못한 나는 당황할 수밖에 없었고 얼굴은 홍당무가 되고 말았다. 나를 제외한 49명의 학생들이 나만을 쳐다보고 있었다. 교수님은 질문을 반복했고 그래도 이해를 못 하니 천천히 또박또박 말씀하셨다. 그럼에도 결국 질문을 이해하지 못하자 교수님은 더 이상 묻지 않고 강의를 진행했다.

나는 강의를 끝내고 교실 문을 나가는 이집트 출신 이브라힘 교수님을 연구실까지 뒤따라가서 손짓발짓으로 1년 동안만 내게 질문을 하지 말라달라고 부탁을 드렸다. 그리고 다른 교수님들에게도 그렇게 말씀드려달라고 했다. 교수님의 대답은 "인샤알라"였다. 나는 그렇게 하겠다는 대답으로 이해하고 '천만다행이구나!'라는 안도의 숨을 쉬면서 연구실을 나왔다. 그런데 상황은 정반대였다. 수업시간만 되면 모든 교수님들이 내게 질문을 퍼부었다. 그때마다 나는 교실을 도망쳐 나오고 싶은 충동을 느꼈다. 50분의 수업시간은 하루 같았고 10분의 휴식시간은 1초처럼 빨리 지나갔다.

이브라힘 교수님을 찾아가 다시 하소연했다. 내게 질문을 하지 않도록 다른 교수님들에게 말씀드려달라고까지 했는데 왜 다른 교수님들이 오히려 더 많은 질문을 하는지에 대한 불평도 털어놓았다. 그는 나의 어깨를 쓰다듬어주면서 이렇게 말씀하셨다. 내가 1년 후에 교수님들의 질문을 이해하고 그 질문에 대답을 할 수 있으려면 지금부터 연습을 시키지 않으면 안 되겠다고 생각해 오히려 다른 교수님들에게 나에게 질문을 더 많이 하도록 부탁을 했다는 것이다. 이 말을 듣고 마음이 뭉클해져 눈물이 나올 것만 같았다.

그렇지만 언어는 하루아침에 되는 것이 아니었다. 아무리 교수님이 배려를 해주셔도 기초가 부족했다. 학생들이 수업시간에 아무 말도 못 하는 나를 두고 "책을 짊어지고 다니는 당나귀"라며 놀리고 있다는 말을 영국에서 유학 온 타하라는 유학생으로부터 전해 들었을 때, 더 이상 수모를 참을 수 없었다.

그들이 나를 놀린 문구는, 나중에 공부를 하면서 알게 된 것이지만, '책을 가지고 다니면서 책의 내용을 모르는 바보'라는 『꾸란』의 한 구절이었다. 인정하기는 싫지만 이는 당시 내 모습과 딱 맞는 말이기도 했다. 나는 한국외국어대학교 아랍어과 졸업생이라는 자존심을 버리고 왕립이슬람대학교의 학부과정이 아닌 언어과정(language course)으로 내려가기로 결정했다. 처음부터 다시 시작한다는 마음으로 시작하지 않으면 책만 짊어지고 다니는 '말 못 하는 당나귀'가 될 것 같았기 때문이다.

천국과 지옥이 공존하던 유학생활

1977년 1월 9일의 일기장에는 '살라트 파즈르'(salt al fajr) 후 내 생애 처음으로 『꾸란』을 암기하기 시작했다고 기록되어 있다. '살라트'는 예배란 뜻이고 '파즈르'는 여명기, 이른 새벽이란 의미다. 살라트 파즈르, 즉 새벽예배가 끝나면 학생들은 무어라고 중얼대면서 이곳저곳으로 흩어져 나간다. 그 중얼대는 소리는 마치 벌 떼가 윙

우상숭배가 허용되지 않는 이슬람에서는 신성한 『꾸란』을 꾸미는 데
심혈을 기울인다. 『꾸란』은 그 자체가 예술품과 같다.

윙거리는 소리처럼 들렸다. 그것은 바로 학생들이 『꾸란』을 암기하
는 소리였다. 얼마 후에 알게 된 사실이지만 그 당시 왕립이슬람대
학교를 졸업하려면 604쪽에 달하는 『꾸란』을 모두 암기해야 했다.
『꾸란』의 '꾸'도 알지 못할 정도로 『꾸란』에 대한 지식과 상식이 없
었음에도 졸업을 위해서는 『꾸란』 암기에 도전해야만 했다.

　서툰 아랍어 실력으로는 라면처럼 꼬인 아랍어 『꾸란』을 쉽게 읽
을 수가 없었다. 제대로 읽지 못하는데다 뜻을 이해할 수 없으니 외
워지지가 않았다. 전문가들에 따르면 『꾸란』은 서너 살 때부터 암기
를 시작하는 것이 가장 좋다고 한다. 그런데 나는 이미 스물여섯 살

이었다.

그렇다고 포기할 수는 없었다. 방학 중에 고국에 가려면 반드시 일정 분량의 『꾸란』을 암기하는 시험에 합격해야만 했다. 그래서 독서카드 한쪽을 접어 반면에는 아랍어로 『꾸란』 한 절을 적고 나머지 면에는 이 사람 저 사람에게 물어서 대강의 뜻을 한글로 적었다. 그리고 이걸 외우기 위해 가능한 모든 수단을 동원했다. 『꾸란』이 적혀 있는 것은 어떤 것을 막론하고 화장실 등 지저분한 곳에 가지고 들어가면 안 된다. 이것이 신성한 『꾸란』에 대한 이슬람의 예절이지만 나는 화장실에서도 『꾸란』을 암기하려고 발버둥을 칠 정도였다.

한국인으로서 사우디아라비아 대학교 학부과정에 입학한 것은 내가 처음이었다. 한국사람이 신기해서인지 수업에 들어오는 교수들마다 질문세례가 쏟아졌다. 그런데 교수들의 질문에 대한 대답은 고사하고 무슨 질문인지조차 이해할 수 없었다. 언어를 극복하지 못했기 때문이다. 교실에서 뛰쳐나오고 싶은 생각밖에는 없었다. "왜 미국을 놔두고 이곳에 왔을까? 내가 정말 정신이 나갔나보다." 이런 생각이 수없이 들었다. 학교에서 보내는 1분 1초는 마치 지옥과 같았다.

반면 학교 밖은 천국이었다. 당시 중동 건설붐을 타고 사우디아라비아에 진출한 한국인은 5만 명에 달했다. 그런데 아랍어를 아는 한국인을 찾아볼 수 없었다. 나는 학교 수업에서는 꼴찌였지만 그곳에 진출한 5만 명의 한국인 중에서는 가장 아랍어를 잘하는 사람이었다. 수업이 끝나는 수요일 오후와 주말에 해당하는 목요일과 금요일에는 한국인들에게 아랍어와 이슬람문화를 강의하는 교수 노릇을 했다. 아랍어가 필요한 한국기업과 정부, 사람들이 이런저런 일로 쉴 틈 없이 나를 찾았다. 아랍어 실력이 좋게 보였는지 중매도 쇄도 할 정도였다.

학교에만 가면 사우디아라비아를 뜨고 싶다고 생각하다가도 학교 밖을 생각하면 떠날 수가 없었다. 만약 중동 건설특수가 없었다면, 그래서 한국사람들이 사우디아라비아에 없었다면, 열등생이었던 나는 아마 학업을 끝마치지 못했을 것이다.

나는 즐거운 방과후를 더 즐기고 싶어서 제적되지 않도록 노력했다. 내게 관심을 가져준 한국인이 있었기에 지옥 같은 학교생활을 견뎌내고 원하는 성과를 얻어낼 수 있었던 것이다. 그러나 안타깝게도 『꾸란』 암기와 쓰기만큼은 극복하지 못했다.

사막의 지혜, 이슬람전통의복

유학을 떠나기 전까지만 해도 나는 외국인은 모두 양복을 입고 넥타이를 차고 있는 것으로 생각했다. 그런데 사우디아라비아 제다 공항에 도착하자 내 생각이 틀렸다는 것을 알았다. 비행기에서 내려 공항대합실에 들어서는 순간 그곳 사람들의 옷은 흰색과 검정색으로 뚜렷하게 나뉘는 것을 볼 수 있었다. 남성들은 하나같이 싸웁(thawb)이라 불리는 흰옷을 입었고 여성들은 히잡(hijab)이라 불리는 검정색 옷을 입고 있었다.

남성들이 흰색을 즐겨 입는 이유는 뜨거운 태양을 차단하기 위해서일 것이다. 그러나 그들은 예언자 무함마드의 가르침에 영향을 받은 것이라고 말한다.

모든 색깔의 옷도 무관하지만 흰옷이
　더 청결하고 더 좋으며 고인의 수의도
　흰색이 더 청결하고 더 좋습니다.

　이런 말을 남기기는 했지만 무함마드가 반드시 흰옷만을 입으라고 한 것은 아니라고 한다. 전하는 바에 따르면 무함마드는 때때로 초록색 옷을 입기도 했다 하니 말이다.

　물론 중동의 기후환경과 문화적 전통도 무시할 수 없다. 중동에서 태어나 이 지역에서 선교임무를 수행했던 믿음의 조상 아브라함, 모세, 예수도 흰색 통치마를 입었다고 한다. 이러한 전통이 그들로 하여금 흰옷을 선호하게 만든 것이 아닌가 싶었다. 이슬람이 탄생한 7세기 초, 중국 사람들은 무슬림을 가리켜 백의민족이라 불렀다.

　남성의 옷은 흰색에 위아래가 없는 원피스와 흡사하다. 그들의 옷차림은 마치 여성의 치마를 연상케 했다. 치마는 여성만 입는 것으로 알고 있던 내게 이슬람의 전통복장은 마냥 신기한 것이었다. 그런데 남자들은 이런 옷을 입고 어떻게 볼일을 볼까? 우리는 소변을 서서 보는데 이 복장으로도 가능한가? 혹시 여기서는 남자도 앉아서 일을 보는 것일까? 이런 궁금증이 생기지 않을 수 없었다.

　이런 의문은 왕립이슬람대학교에 들어가면서 저절로 풀렸다. 교복이 이슬람전통의상이었기 때문이다. 직접 옷을 입으며 새로운 것도 알 수 있었다. 이들이 입는 속옷은 옛날 우리 할머니들이 입었던 고쟁이와 흡사한 바지였던 것이다.

　궁금증도 곧 풀렸다. 이곳 남성은 '작은 사건'(hadath sagir)과

왼쪽 | 왕립이슬람대학교에서 공부할 때 같이 유학한 친구들과 함께 찍은 사진.
당시 왕립이슬람대학교에는 한국인이 단 세 명에 불과했다. 맨 오른쪽이 나.
오른쪽 | 구뜨라는 일종의 머릿수건이고 그 위에 두르는 밧줄이 이깔이다.

'큰 사건'(hadath kabir) 모두 여성처럼 앉아서 처리한다는 것을 알
게 된 것이다. 나는 난생처음으로 앉아서 소변을 보며 문화는 만들
어진 것임을 다시 한번 깨닫게 되었다.

싸웁이 몸에 붙지 않았을 때는 화장실을 이용하거나 축구나 달리
기처럼 활동적인 일을 할 때 너무 불편했다. 그런데 그 옷에 익숙해
진 후부터는 양복보다 더 편했다. 싸웁은 통풍이 잘 되어 시원했고
특히 바람이 부는 쪽으로 앉아 있을 때 통치마 속으로 들어오는 바
람이 훨씬 시원하게 느껴졌다. 햇볕이 따갑고 기온이 높은 아라비아
반도의 기후에 이처럼 잘 어울리는 옷도 없을 것이다.

이들의 정장 차림에 빠져서는 안 되는 것이 있다. 구뜨라(gutrah)
나 쉬마그(shimag)라 불리는 머릿수건을 쓰고 이 위에 이깔('iqal)

이라 불리는 검은 따리 밧줄 또는 네모진 밧줄을 두르는 것이다. 구뜨라는 흰 천으로 만들어졌고 쉬마그는 빨간색 또는 검정색 무늬 와 선이 새겨진 머릿수건이다. 사막의 불사조로 불렸던 팔레스타인의 지도자 아라파트(Yasser Arafat, 1929~2004)는 평생 동안 쉬마그를 쓰고 다녔다.

나는 구뜨라를 쓰고 학교생활을 했다. 이것 역시 습관화되기 전에는 무척 불편했다. 몇 발짝 걷다보면 이깔이 바닥에 떨어지고 바람에 구뜨라가 날아가기도 했다. 처음에는 사용하기 힘들었지만 날씨가 뜨거워지면서 나도 모르게 구뜨라를 찾게 되었다. 특히 사막에 바람이 몰아칠 때 구뜨라는 눈이나 코에 모래가 들어가는 것을 막아주고 햇볕이 강할 때는 선글라스 역할을 한다. 뜨거운 햇볕에 머리를 보호하는 기능도 있다. 혈기왕성한 젊은이들은 그들의 전통복장을 다른 용도로 사용하기도 한다. 싸움이 벌어졌을 때 이깔로 상대방을 공격하거나 손발을 묶기도 하는 것이다.

이곳에 진출하여 크레인 같은 높은 탑 위에서 일을 했던 한국근로자들은 말할 것도 없고 걸프전 때 이곳에 주둔하면서 실외 근무를 하던 미국병사들도 구뜨라를 즐겨 썼다. 그러나 이깔은 두르지 않았다. 이깔 대신에 한국근로자들은 안전모를 썼고 미군은 철모를 썼기 때문이다.

교육은 공기와 물 같은 것—이슬람의 무상교육

사우디아라비아에 가면서 나는 아르바이트를 해서라도 유학을 마치겠다고 각오했다. 가난했기에 물불을 가릴 처지가 아니었고 식당에서 그릇을 닦고 화장실 청소를 하며 돈을 버는 것은 예나 지금이나 유학생으로서 당연한 의무였다. 이렇게 비장하게 유학 준비를 하고 있을 때였다. 주한 사우디아라비아 대사관으로부터 어안이 벙벙한 소식이 들려왔다. 사우디아라비아행 비행기 표가 왔다는 것이다. 비행기 표를 받을 이유가 없었기에 잘못 들었나 하고 다시 확인했지만 사실이었다.

사우디아라비아에서 유학생활을 하면서부터야 이 나라가 말로만 듣던 '요람에서 무덤까지' 교육복지가 보장되는 나라임을 알았다. 당시 영국과 북유럽국가들이 복지국가로 알려져 있었지만 중동에도 이런 나라가 있을 줄은 몰랐다. 사우디아라비아에서는 오늘날까지도 일부 사립학교를 제외한 모든 국립학교의 교육이 무상으로 제공된다. 외국에서 온 유학생들도 입학부터 졸업하고 돌아갈 때까지 모든 것이 무료다. 즉 등록금, 기숙사비, 의료비, 교재가 모두 공짜다. 심지어 교복비까지 나오고 매달 용돈도 나온다. 용돈으로 지급되는 금액도 어마어마했다. 1976년도에 받았던 용돈이 매달 25만 원 정도였다. 참고로 내가 1980년 9월에 명지대학교 교수가 되어 받은 첫 월급이 35만 원이다.

그뿐이 아니다. 시험에 합격하면 방학에 고국을 다녀올 수 있는 왕복 항공권까지 제공된다. 우리나라에서는 지금도 상상하지 못하는 혜택이 제공되는 것이다. 후에 알게 된 것이지만 이슬람에서는 교육과 의료는 공기와 물 같은 것이라고 여겨서 누구라도 무료로 혜택받는 것을 당연하게 생각한다.

내가 다녔던 대학교에는 외국학생들을 위한 언어코스와 부속중학

사우디아라비아의 화폐 단위는 리얄(SAR)이다. 사진은 10리얄 지폐.
압달라 국왕의 초상이 그려져 있다. 2012년 2월 현재 1리얄은 약 300원 정도다.

교, 고등학교가 있었다. 학제는 우리와 동일하다. 그러나 이 학교들
중 남녀공학은 없다. 또한 선생님들도 모두 남자라는 점이 우리와는
다르다.

사우디아라비아의 여러 왕립대학 중에서 이슬람만을 전문으로 교
육하는 대학은 두 곳이 있다. 이슬람의 종주국에다 성지 메카와 메
디나가 있는 곳이 바로 사우디아라비아다. 해마다 전 세계에서 소순
례(umrah)와 대순례(hajj)를 하기 위해 이곳을 찾는 무슬림의 숫자
는 폭발적으로 늘고 있다. 따라서 이 두 대학을 설립한 목적은 이슬
람을 전파하는 데 있는 것이 아닌가 싶었다. 사우디아라비아에는 메
카와 메디나를 찾는 순례업무를 관장하는 순례부(ministry of hajj)
와 순례부 장관도 있다.

그중 하나는 오늘날 사우디아라비아 왕국의 체제를 뒷받침하는
이념과 사상을 교육하는 대학이다. 이 대학은 건국자의 이름을 따서

이맘 무함마드 빈 사우드 이슬람대학교로 불린다. 이곳 학생들은 극소수의 외국 학생들을 제외하고는 모두가 사우디아라비아 출신이었다.

또 다른 이슬람대학교는 제2의 성지 메디나에 있는 학교로, 내가 유학을 간 곳이다. 이 학교는 외국인 유학생들을 위한 대학이다. 자국 학생 선발은 30퍼센트 이하로 규정하고 외국인 학생들을 70퍼센트 이상 선발하게 되어 있다. 한국을 비롯한 전 세계 125개 국가의 학생들이 이곳에서 이슬람 공부를 하고 있다. 전 세계에 이슬람을 전파하고 교육하는 이슬람 전문가를 양성하는 데 그 목적을 둔다.

이 대학교에는 여러 단과대학이 있었는데 그중에서도 꾸란 대학은 604쪽의 『꾸란』 전 분량을 암기하는 학생들만이 입학할 수 있었고 하디스 대학은 예언자 무함마드의 언행록, 즉 『하디스』를 2000개 이상 암기하는 학생만 입학할 수 있었다. 이슬람 법대를 비롯한 아랍어 다른 단과 대학들의 교육과정도 『꾸란』과 『하디스』 교육을 주축으로 이루어지고 있었다.

사우디아라비아의 여느 대학 모두가 그렇듯이 이 대학에도 학생에서부터 행정직원, 학교식당의 요리사에 이르기까지 모두 남자였다. 여성은 한 명도 보이지 않았다. 그뿐만이 아니었다. 어떤 여성에게도 캠퍼스 출입이 허용되지 않았다. 아들을 만나러 온 어머니조차 학교 안으로 들어오지 못하고 면회실을 통해서만 자식을 만날 수 있었다. 나 역시 약 450킬로미터 떨어진 제다에서 나를 면회 온 교민 부부를 대학 교정으로 안내하지 못하고 정문 밖으로 나가서 만나야 했다.

반면 여자대학은 절대 남성출입금지다. 남자대학들과는 달리 여자대학의 담벼락은 무척 높다. 아무리 키 큰 남자라도 담벼락 너머로 여대생들을 볼 수 없다. 조혼이 흔하다보니 결혼생활을 하면서 공부하는 학생도 있고 출산 후에 공부를 계속하는 학생도 있다. 이 부분에서는 사우디아라비아의 여대생들이 한국의 여대생들보다 자유롭다. 남자대학에 여교수가 없는 것처럼 여자대학대에서는 남자 교수가 강의를 하지 않는다. 여자학교에는 모두가 여성뿐인 것이다.

앗살람 알라이쿰, 16억 무슬림의 마음을 여는 한 마디

사람과 사람이 만나면 제일 먼저 주고받는 것이 인사다. 무슬림들은 『꾸란』의 가르침에 따라 국적이 서로 다르고 사용하는 모국어와 민족 언어가 서로 다르지만 동일한 인사말을 사용한다. 사우디아라비아, 말레이시아, 미국, 러시아, 중국, 영국, 프랑스, 한국 등 지구촌 어느 민족이든 간에 무슬림들은 자신의 모국어와 상관없이 "(앗)살람 알라이쿰"(assalam alaikum)이란 말로 인사를 주고받는다.

"앗"(as)은 정관사, "살람"(salam)은 『꾸란』에서 유래한 것으로 네 가지 의미를 담고 있다. 인사하다 또는 안부를 묻다. 둘째, 안전하다, 잘 있다 또는 무사하다. 셋째, 알라의 속성에 관한 명칭 99개 중의 하나. 넷째, 사람의 안전과 복을 빌어주는 기도의 의미 등을 함축하고 있다. "알라"(ala)는 '……께' 또는 '…… 위에', 그리고 "쿰"(kum)은 '당신들'이란 뜻으로, '언제 어디서나 알라의 자비와 축복과 함께 항상 평안하기를 바란다'는 의미를 담고 있다.

알라께서 아담을 창조한 후 천사들로 하여금 그에게 인사하라고 했다. 그러고는 아담에게 그들이 하는 인사를 들어보라고 했다. 그러자 천사들이 그에게 "(앗)살람 알라이쿰"이라고 인사했다. 이것이 바로 아담과 그의 후손이 현세에 살면서 사용할 인사말이요 현세에서 베푼 선행으로 천국에 들어가게 될 사람이 임종할 때 죽음을 관할하는 천사로부터 듣게 될 말이라고 했다. 믿음의 조상 아브라함을 찾아와 그의 아내에게 아기가 생길 것이라는 소식을 전한 천사가 한 인사말이며 예수가 탄생할 때와 요람에 있을 때, 그리고 부활할 때에도 "(앗)살람 알라이쿰"으로 인사를 받았다고 『꾸란』은 전한다.

자선을 많이 베풀어 천국의 가장 높은 곳에 있게 될 자들과 천국에서 살게 될 신자들은 금으로 장식된 금좌에 앉아 천국의 축복을 만끽한다. 이들은 티 없이 순진한 소년들이 가져온 물과 술을 마시고 향기 그윽한 과일과 새고기를 즐기며 진주와도 같은 아름다운 배우자를 만나 천국을 만끽한다. 그리고 서로에게 "(앗)살람 알라이쿰"으로 인사를 주고받는다는 것도 『꾸란』의 얘기다.

예언자 무함마드는 알라에 대한 인사뿐만 아니라 천사에 대한 인사, 자신에 대한 인사 그리고 신앙인에 대한 인사로써 (앗)살람 알라이쿰을 예배의 규정으로 정했다. 그 후부터 무슬림은 하루 다섯 번의 의무예배 때마다 각자의 기도문에서 예언자 무함마드를 위해 다섯 차례, 그리고 예배 중에 있는 모든 신자를 위해 다섯 차례 "살람"으로 인사한다. 예배를 마치면서 우편에 있는 천사와 좌편에 있는 천사 그리고 좌우에 앉아 있는 이슬람 형제를 위해 각각 오른쪽과 왼쪽을 보며 "(앗)살람 알라이쿰"으로 하루 열 차례 이상 인사한다.

고인(故人)을 장지로 옮기기 전에 고인을 위한 예배에서도 이 인사말이 쓰인다. 장례예배 네 번째 기도에서 이슬람 교단의 지도자 이맘(imam)이 오른쪽으로 고개를 돌리며 "(앗)살람 알라이카와 와 라흐마툴라"(고인이여! 평안하소서. 그리고 알라의 자비를 받으소서!)라고 말한다. 그런 후 왼쪽으로 고개를 돌리며 같은 말로 기도하면, 장례예배에 동참한 조문객들은 들릴까 말까 하는 낮은 소리로 이 인사말을 반복한다. 고인과의 고별인사는 복수 "(앗)살람 알라이쿰(kum: 당신들)"이 아니고 단수 "(앗)살람 알라이카(ka: 당신)"이며 이맘 외에는 소리 내어 인사하는 것이 아니라 마음속으로 인사한다. 그러나 공동묘지를 방문해 고인들의 명복을 위해 인사할 때에는 "(앗)살람 알라이쿰(kum)", 즉 복수로 인사한다. 그곳에는 모든 신자가 묻혀 있기 때문이다.

인사에 답례하는 사람은 받은 것보다 더 좋은 의미가 담겨 있는 표현으로 대답한다고 『꾸란』은 가르치고 있다. "(앗)살람 알라이쿰"으로 인사를 받으면 "와 알라이쿰 살람"(wa alaikum salam)으로 대답하거나 그보다 더 좋은 표현으로 "와 알라이쿰 살람 와 라흐마툴라히 와 바라카투후"(wa alaikum salam rahmatu Allah wa barakatuh)라고 대답한다. "와"(wa)는 '그리고'라는 뜻이고, "라흐마투"(rahmatu)는 '자비', "바라카투"(barakatuh)는 '축복'이란 의미다.

예언자 무함마드의 말에 따르면 "(앗)살람 알라이쿰"으로 인사한 사람은 그 인사에 대한 10배의 보상을 받고, "(앗)살람 알라이쿰 와 라흐마툴라히"로 인사한 사람은 20배의 보상을, "(앗)살람 알라이쿰 와 라흐마툴라 와 바라카투후"로 인사한 사람은 30배의 보상을 받게 된다고 했다. 30배의 보상이란 10가지 보상이 기록되고 10가지 죄가 삭제되며 10단계까지 높은 위치로 승격된다는 뜻이다.

이슬람의 인사는 고개를 숙여 인사하는 한국의 인사 예법과는 많이 다르다. 무슬림은 인사할 때 고개를 숙이지 않는다. 알라 외에는 어느 누구에게도 허리 굽혀 인사하거나 엎드려 인사하지 말라고 했기 때문이다. 알라 앞에서 모든 인간은 평등하므로 비록 부모와 자식, 스승과 제자, 군주와 신하, 연장자와 연하자, 고인(故人) 앞에서도 절을 하거나 엎드려 인사하지 않는다고 했다. 그래서 이슬람사회에서는 절하는 문화가 없다.

연하자가 연장자에게 먼저 인사하고, 보행자가 앉아 있는 사람에게 먼저 인사하고, 소수가 다수에게 먼저 인사하고, 낙타나 말을 타고 가는 사람이 걸어가는 사람에게 먼저 인사하고, 먼저 본 사람이 먼저 인사하며 자신의 집에 들어갈 때도 "(앗)살람 알라이쿰"으로 인사하는 것이라고 예언자 무함마드는 가르쳤다. 허리를 굽히거나 절은 하지 않지만 악수를 하면서 인사를 나누기도 하고 상대방을 껴안고 가까운 사람들끼리는 양쪽 볼에 두 번 이상 입맞춤을 한다. 부모나 연세가 지긋한 어른께는 손등이나 이마에 키스를 하며 인사하기도 한다.

2

라 일라하 일랄라—알라 외에 신은 없다!

청혼하고 청혼을 거절하는 방법도 흥미롭다.
남자가 여자에게 "나는 부인이 아직 한 명입니다"라고 말한다면
그녀에게 마음이 있다는 의사표시를 한 것이다.
또 여자가 남자에게 "부인이 몇 명인가요?"라고 묻는다면
그에게 마음이 있다는 의사표시가 될 수 있다.
이때 남자가 "나는 이미 네 명의 부인이 있어요"라고 대답한다면
청혼을 거절하는 것이다.

천국으로 가는 열쇠, 라 일라하 일랄라

이슬람에서는 인간의 시조는 물론이고 우주만물이 존재하고 소멸하는 원인은 유일신 알라다. '라 일라하 일랄라'(La ilaha illah Allah)는 알라를 중심으로 한 이슬람의 세계관을 나타내는 말이다. 사우디아라비아 국기의 상징과 문구도 바로 이것이다. 이슬람에서 이 문구처럼 무슬림의 일상생활에 영향을 미치는 말은 없을 것이다.

이 문구는 라(la), 일라하(ilaha), 일라(illa), 알라(Allah) 네 단어로 구성되어 있으며, "샤하다"(shahadh) 또는 "칼리마"(kalimah)라고 한다. "라"는 부정사(不定詞)로서 '없다'는 뜻이다. "일라하"는 '신' '사신' '잡신'이란 의미이고, "일라"는 '…… 외'에 '……을 제외하고'란 뜻이다. 그리고 "알라"는 하나님이란 의미다. 영어의 'God' 또는 아랍어 발음대로 '알라'(Allah)로 번역된다. 라 일라하 일랄라"를 글자 그대로 영어로 번역하면 "There is no god(deity) but God(Allah)"이 된다.

"라 일라하 일랄라"는 두 가지 신학적 의미를 담고 있다. 천국과 지옥의 존재를 확신하는 문구이자 "천국과 지옥이 존재한다고 어떻게 말할 수 있는가?"라는 의문을 던지는 문구이기도 하다. 알라 외에 신은 없다. 그러므로 경배 대상은 오직 그분밖에 없고 오직 그분만이 인간을 구원할 구세주다. 그러나 알라 외에 신은 없지만 다른 것까지 없다고 하지는 않았으므로 다른 것은 존재한다. 그래서 나도 존재하고 너도 존재하고 천국도 지옥도 존재한다는 이원론적인 해석이 가능하다.

한편 존재론적 해석에서는 일원론이 된다. 즉 태초에는 알라 외에

'라 일라하 일랄라'는 이슬람세계에서 가장 중요한 말로,
사우디아라비아 국기의 상징과 문구에도 쓰였다.

존재하는 것이 아무것도 없었다. 너도 존재하지 않았고 나도 존재하지 않았으며 천국과 지옥도 존재하지 않았다. 너와 나, 천국과 지옥, 즉 우주만물은 알라가 창조했기에 존재한다. 지금 존재하고 있는 것은 종말이 되면 역시 알라만 남고 모두 소멸한다. 시작이 있으면 반드시 끝이 있는 법이고, 존재하는 것은 반드시 소멸한다고 했기 때문이다. 그러므로 창조에 의해 존재하게 된 너와 나, 천국과 지옥 등 모든 것은 알라에게로 귀의한다. 꿈속의 모든 현실과 상황이 현실처럼 느껴지지만 꿈을 깨고 나면 그것들이 모두 사라지는 것처럼 모든 현실과 상황도 죽고 나면 알라를 제외하고 모든 것이 사라진다는 것이다.

"라 일라하 일랄라"라는 말은 천국의 열쇠라고 한다. 이 문구를 선서한 자는 지옥에서 구제되기 때문이다. 이것은 예언자 무함마드가 남긴 말이다.

"라 일라하 일랄라"를 선서하고 마음에 보리알 하나
무게만큼의 진실한 믿음을 가진 자는 지옥에서 구제되며,
"라 일라하 일랄라"를 선서하고 마음에 밀알 하나
무게만큼의 진실한 믿음을 가진 자도 지옥에서 구제되며,
"라 일라하 일랄라"를 선서하고 마음에 원자 하나 또는
가장 작은 개미 한 마리 무게만큼의
진실한 믿음을 가진 자도 지옥으로부터 구제될 것입니다.

"라 일라하 일랄라"를 선서한 자는 천국에 들어간다. 하물며 간통을 했거나 남의 물건을 훔친 자라 할지라도 임종하기 전까지만 이 문구를 선서한 자까지도 그렇다고 한다. 이것 역시 예언자 무함마드가 남긴 말이다.

주님의 명령을 받고 내려온 천사가 나를 찾아와
이렇게 말했습니다.
"당신의 추종자들이 임종할 때
알라께 아무것도 비유하지 아니한 자는 천국에 들어가지요.
비록 간통을 하고 물건을 훔친 자라도 그렇습니다."

"라 일라하 일랄라"를 선서한 자는 재산과 생명을 보호받는다. 우상숭배자 또는 점술가라도 "라 일라하 일랄라"를 선서하면 생명의 보호를 받으며, 적군이 단지 목숨을 건지기 위해 "라 일라하 일랄라"를 말한다 하더라도 그의 생명은 보호받는다. "라 일라하 일랄

라"를 선서한 자가 아니면 무슬림 여성과 결혼이 허용되지 않는다.

"라 일라하 일랄라"는 종교가 없는 이가 이슬람교 신자가 될 때, 또는 타종교의 신자가 이슬람교로 개종할 때 사용되는 문구이기도 하다. 맹세할 때 혹 깜빡 잊고 실수해 우상의 이름을 언급한 자는 "라 일라하 일랄라"라고 말해야 한다.

매일 이 문구를 100번 외우는 자는 노예 10명을 해방시킨 것과 같은 보상을 받고 100개의 보상이 기록되며 100개의 죄가 기록에서 삭제되고 그날 밤까지 사탄에 대한 방패막이 된다고 했다. 그러니 이 문구를 외우는 것보다 더 좋은 행위는 없다고 한다.

"라 일라하 일랄라"는 아랍인과 비아랍 무슬림들의 언어생활에 다양하게 사용되고 있다. 이 문구는 알라가 제정한 종교에 입교하는 사람이 제일 먼저 선서하는 문구요 임종하는 사람이 신국에 들어가기 전 마지막으로 남겨야 할 문구다. 또한 하루 다섯 번 예배 시간이 되었을 때마다 예배시간이 되었음을 알리는 아잔(azan)에서 세 번 그리고 예배시작을 알리는 이까마(iqamah)에서 두 번씩 하루에 최소한 25회 언급되는 문구다.

아랍인이나 비아랍 무슬림이 일상생활에서 자신들의 감정을 가장 폭넓게 표출하는 대표적인 문구이기도 하다. 할머니는 조용한 목소리로 "라 일라하 일랄라"를 반복하면서 아기를 재우고, 팔레스타인 사람이 이스라엘에 대항해 항의시위를 할 때도 "라 일라하 일랄라"를 목이 터져라 외친다. 말과 글로 표현하기 힘든 아름다움이나 추한 행위, 비참한 참사, 비인간적인 행위를 목격했을 때나 그에 관한 소식을 접했을 때에도 "라 일라하 일랄라"로 감정을 표출한다. "저렇게 아름다울 수가 있을까!" "저렇게 못생길 수가 있을까!"도 역시 "라 일라하 일랄라"다.

이슬람에서 "라 일라하 일랄라"는 모든 감정을 표현하고 모든 잘 못을 용서받을 수 있는 천국으로 가는 만능열쇠인 것이다.

예수님도 수염을 길렀다

문화적 차이를 가장 많이 느낄 수 있었던 것은 기숙사 생활에서였 다. 아침을 맞이하면 습관적으로 화장실에 가서 용변을 보고 수염을 깎았다. 그런데 신기하게도 나처럼 수염을 깎는 학생은 아무도 없었 다. 화장실에서 일을 보고 나오던 학생마다 수염을 깎고 있는 나를 오히려 신기하게 보더니 각기 다른 반응을 보였다. 그중에는 나를 위아래로 쳐다보는 학생이 있었고, 어떤 학생은 수염을 깎지 말라는 것처럼 보이는 제스처로 둘째손가락을 꼿꼿이 세워 좌우로 흔들었 다. 영어로 "No"라고 말하는 학생, 알아들을 수 없는 아랍어로 무 어라고 말하는 학생 등 다양한 반응이었다.

나의 첫인상이 그들에게 썩 좋아 보인 것 같지는 않았다는 느낌은 받았지만 아무렇지도 않게 넘겨버렸다. 같은 방을 사용하는 세 명의 동료가 수염을 깎지 말라고 조언했지만 나는 그 조언의 의미를 전혀 이해하지 못하고 보란 듯이 아침마다 수염을 깎았다.

기숙사 안에 나에 대한 소문이 퍼지기 시작했다. 기숙사 학생 반장 이 저녁 시간에 방으로 찾아왔다. 방 동료들에게 나에 대한 배려를 부탁하는가 싶더니 자신의 긴 수염을 만지면서 내 수염도 그렇게 길 러보라는 제스처를 하는 것 같았다. 그럼에도 나는 계속 수염을 깎았고 이러한 소문은 결국 학생처장에게까지 들어갔다.

얼마 후에 기숙사 사감으로부터 호출이 왔다. 영문은 몰랐지만 다소 긴장이 되었다. 사감은 나를 친절하게 맞아주었다. 달콤한 홍차를 내놓으면서 한국에 대한 이런저런 질문을 하더니 마지막에는 기숙사 학생 반장이 그랬던 것처럼 자신의 긴 수염을 다듬으면서 수염을 깎는 것은 이슬람전통(sunnah)에 위배되는 행위라고 했다. 이슬람대학교에서 이슬람전통에 위배되는 행위는 당연히 학칙을 위반하는 것과 다름이 없다는 추가 설명이 이어졌다. 수염을 깎는 것이 이슬람전통에 위배된다는 '교훈'보다는 '학칙'을 위반하는 행위라는 말이 학생 신분의 나에게 강력한 경고로 들렸다.

그때부터 나는 수염을 깎지 않았다. 동료들은 보기가 좋다고 하면서 아직 제대로 잡히지도 않는 나의 짧은 수염을 만져보기까지 했다. 그렇지만 나는 기분이 무척 좋지 않았다. 우선 다른 사람이 내 턱을 만지는 것이 기분 나빴고, 두 번째는 고양이처럼 보이는 내 수염이 너무 싫었고, 세 번째는 갑자기 수염을 기르자 이상하게 바라보는 한국교민들의 시선이 따가웠기 때문이다. 그 시절 한국은 군사정권이 지배하고 있었다. 남자가 머리나 수염을 기르거나 여자가 '무릎 위로' 올라가는 미니스커트를 입기만 해도 경범죄 위반으로 처벌받던 시기였다. 이러한 경직된 문화가 해외거주 한국교민들에게도 영향을 미칠 때였다.

방학이 되어 한국으로 돌아갈 때와 학기가 시작되어 사우디아라비아로 돌아올 때 수염 때문에 겪어야 했던 수난은 이루 말할 수가 없다. 사우디아라비아 공항에 도착하면 가능한 빨리 탑승수속을 마

수염을 기른 이슬람인. 이슬람에서 수염을 기르는 것은
전통을 넘어 지켜야 할 규범으로 작동한다.

치고 제일 먼저 화장실을 찾았다. 10개월 정도 기른 수염을 자르기
위해서였다. 대강 면도를 하고 탑승할 때면 혹시 나를 아는 아랍인
이 없는지 주변을 두리번거리기도 했다. 그것보다 더욱 힘들었던 것
은 방학을 마치고 사우디아라비아로 돌아갈 때다. 잘라버린 수염을
기르기 위해 집안에만 꼭 박혀 있어야 했다. 김포공항에 나와 탑승
수속을 할 때면 항공사 직원이 여권을 확인하기도 전에 나를 중국인
이나 인도네시아인으로 착각하고는 영어로 말을 걸기도 했다.

　열흘 남짓 기른 수염이 길면 얼마나 길까. 방학을 마치고 학교로
돌아온 기숙사 동료가 짧아진 나의 수염을 보고 장난 섞인 농담을
했다.

"한국에 가면 수염이 짧아지나보지? 외국사람도 한국에 가면 수염이 짧아질까?"

수염을 깎아야만 하는 당시의 한국문화도 이상했지만 수염을 기르고 다듬어야 한다는 이슬람문화도 처음에는 납득하기 어려웠다. 한국에서는 청년이 수염을 기르면 버릇없는 자로 취급을 받는데 이슬람에서는 왜 수염을 기르는 청년이 예절바른 자로 대접을 받는지가 궁금했다. 평소에 너그럽게 보살펴주신 아브라함 교수님을 찾아가 그 이유를 물었다. 그는 직접적인 대답을 피하고 내게 되물었다.

"본받아야 할 인간이 누구라고 생각하지요?"

주제와 상관없는 갑작스러운 질문에 대답을 못하고 머뭇거리자 그는 다음과 같이 말씀을 이어나갔다.

"선생도 아니고 성직자도 아니지요. 그렇다고 왕이나 백만장자란 말은 더더욱 아니에요. 우리 인간이 본받아야 할 분은 『성경』과 『꾸란』에 등장한 예언자들뿐이라고 『꾸란』에 나와 있어요. 인류의 시조 아담을 비롯해 믿음의 조상 아브라함, 모세, 예수, 무함마드 같은 분이지요."

나는 이분들과 수염은 어떤 관계가 있느냐고 물었다. 교수님은 또 대답을 피하고 질문을 하셨다.

"예수님을 아시나요?"

대답하기 쉬운 질문이었다.

"네. 그럼요. 중학교 때부터 3년 동안이나 교회를 다니고 그 교회 소속 기독교 학교에서 공부를 했거든요."

교수님의 질문은 계속되었다.

"예수님 얼굴에 자비롭게 보이는 수염을 본 적이 없나요?"

수없이 예수의 초상이 그려진 그림을 봤지만 그 얼굴에 수염이 있는지에 대해 생각해본 적은 없었다. 그러고 보니 예수님의 초상화에 수염이 있는 것 같아 얼떨결에 대답했다.

"예, 있어요."

원하는 대답이 나왔다는 듯이 교수님께서 장단을 맞추셨다.

"그래, 맞아요. 바로 그거예요. 예언자 아브라함도, 무함마드와 다른 예언자들도 수염을 기르고 다듬었지요. 바로 그분들이 우리 모두가 본받아야 할 선생님이라고 했으니 이분들의 모범을 지켜야 되는 것이지요."

'수염을 기르는 것까지 본받아야 하나?'

이런 생각이 들어서 한국에서 교회를 다닐 때는 못 들어본 말이라고 말씀드렸더니, 교수님은 다음 말로 끝을 맺으셨다.

"예수님을 구세주로까지 믿는 기독교인이 예수님의 전통을 따르지 않는다면 그것은 크게 잘못된 일이지요. 우리 무슬림은 예수님의 전통을 지키고 있는데 기독교인이 예수님의 전통을 지키지 않는다는 것은, 글쎄 어떻게 말해야 할지……."

선지자들이 수염을 길렀기 때문에 수염을 길러야한다는 말은 고리타분해 보인다. 또한 오늘날 서구화된 나라에서는 수염을 기른 청소년은 불량스럽게 보는 시각이 있는 것도 사실이다. 그러나 이슬람 사회에서 소년은 수염을 길러야 성인 대접을 받는다. 청년과 중년의 수염은 위엄과 여성을 유혹하는 상징이고, 노인의 수염은 인생의 어른임을 나타내면서 존경받는 대상임을 나타낸다. 사실 수염은 종교

피렌체 팔각 세례당 천장을 장식하고 있는 작자 미상의
「그리스도 판토크라토르」 일부분. 예수를 묘사한 그림이나 작품들을 보면
예수가 수염을 기른 것으로 묘사됨을 알 수 있다.

문제라기보다는 수염을 길러야 인정받을 수 있는 그들만의 문화라
고 봐야 할 것이다. 우리 선조들도 나이가 들면서 자연스럽게 수염
을 기르고 어른으로 대접받지 않았던가. 그리고 보니 수염이 대접을
받는 사회일수록 노인에 대한 예우와 대접이 극진하다는 것 같다는
생각이 든다.

비데를 만든 사람들

한국인을 위해 사우디아라비아 제다에 이슬람문화센터를 개설한
아브코-달라그룹 오마르 부사장의 저녁식사 초대를 받았을 때였

다. 그 자리에는 한국 D사의 임원 몇 분이 자리를 함께 했다. 식사가 끝나고 준비된 홍차를 마시고 있을 때 같이 있던 한 아랍인이 내게 통역을 부탁해왔다. 한국인은 화장실에서 대변이나 소변을 본 후 무엇을 사용해서 닦느냐는 질문이었다. 워낙 그 자리에 어울리지 않는 질문을 들은지라 잘못 들은 게 아닐까 생각했다. 그래서 나는 고향생각을 하다가 질문을 놓쳤다고 핑계를 대면서 다시 한 번 말해달라고 부탁했다. 그런데 그 아랍인은 정말로 화장실 문제를 질문한 것이었다. 나는 당황스러웠지만 그대로 통역을 했다. 그러자 한국인 한 분이 기다렸다는 듯이 "우리 한국인은 깨끗한 휴지를 사용해서 닦지 않느냐"고 말을 꺼냈다.

이 말을 전달하자 그 아랍인은 "그러면 몇 번이나 닦지요?"라고 물었다. 대답을 했던 한국인이 이 질문에 자연스럽게 대답을 못 하고 약간 당황한 기색을 보이자 옆에 있던 다른 한국인이, "서너 번 닦지 않던가?"라고 대답했다. 그제야 나는 질문을 한 아랍인과 함께 자리한 한국인들 사이에 어떤 일이 있었는가를 짐작할 수 있었다. 나 역시 유학생활을 하면서 아랍인과 한국인의 화장실문화에 큰 차이를 보이고 있다는 것을 실감했기 때문이다.

이 질문에 나는 "서너 번 닦는다"는 대답을 "대여섯 번 정도 닦는다"고 거짓으로 통역했다. 질문의 의도를 짐작했기 때문이었다. 그러나 답을 듣고도 그 아랍인은 우리의 화장실 문화를 비꼬는 듯한 말을 던졌다. "한국인이 아무리 깨끗한 휴지를 사용해 일곱 번이 아니라 열 번까지 닦는다 해도 완전하게 닦이지 않아 속옷에 흔적이 남을 것입니다. 그렇지만 무슬림은 물로 씻기 때문에 속옷에 용변을 본 흔적이 나타나지 않아요. 어느 쪽이 더 청결하다고 할 수 있을까요?"

나는 아랍인의 입에서 이런 질문이 나오게 된 배경이 궁금해 한국인들에게 사정을 물었다. 그들은 이슬람인이 휴지를 사용하지 않고 손으로 닦는 것이 비위생적으로 보였을 뿐만 아니라 마실 물 한 모금 구하기 힘든 이 사막에서 대소변을 본 후 물로 닦는 전통이 어떻게 해서 나오게 되었는지가 궁금해서 질문을 했던 것이란다. 그런데 회화가 능숙하지 못해 무슬림의 화장실문화를 비꼬는 것으로 들려 오해한 것 같다고 했다. 서로의 문화를 이해하지 못한데다 언어가 통하지 않아 오해가 커진 것이었다.

개화기를 거쳐 근대화, 서구화가 되면서 한국의 화장실문화는 크게 변했다. 과거 우리는 대변 후 돌, 지푸라기, 풀잎, 종이 등을 사용했다. 근대에 들어와 수세식 화장실문화가 보급되기 시작했고 현대에 들어와서야 비로소 대변 후 물로 씻어내는 세정변기와 비데문화가 확산되고 있다. 우리는 이러한 세정변기 또는 비데문화가 서구에서 시작된 것으로 알고 있다. 그런데 수세식 화장실문화는 『꾸란』과 예언자의 가르침에 따라 이미 14세기 전부터 아라비아 반도에서 시작되어 모든 이슬람문화권으로 퍼져나간 것이다.

즉 수세식 변기와 비데는 유럽이나 서구가 아니라 이슬람교 화장실문화에서 유래된 것이다. 일곱 번의 십자군 전쟁을 치르면서 십자군이 이슬람권에서 보편화된 수세식 변기를 가져가 개조해 사용하게 되었고 우리는 서구를 통해서 들어온 수세식 변기를 사용하고 있었을 뿐이다.

이슬람세계의 화장실에는 휴지도, 휴지통도 없다.
용변을 본 후 물로 씻어내기 때문이다.

　이슬람세계의 화장실에는 대부분 휴지통이 없다. 대변을 본 후 휴
지를 사용하지 않고 물로 씻기 때문이다. 휴지통 대신에 물그릇이
놓여 있거나 물이 나오는 호스가 걸려 있다. 휴지를 사용해서 닦는
서구문화권에 비해 물로 씻는 이슬람문화권에서는 치질환자가 상
대적으로 적다고 한다. 치질 수술을 한 의사가 환자에게 빠뜨리지
않고 하는 말은 "일을 본 후 반드시 물로 닦으세요"다.
　1980년 이슬람에서 돌아온 나는 국내 정수기 생산 기업체를 찾아
가 물로 씻는 비데에 대한 아이디어를 제공했다. 당시 전 세계 16억
에 이르는 무슬림 인구를 상대로 충분한 상품가치가 있다고 생각했

기 때문이다. 그런데 해외 마케팅 담당이사는 일을 본 후 손으로 닦는 무슬림들이 비위생적이라는 생각에만 사로잡혀 있을 뿐 더 이상 흥미를 보이지 않았다. 만일 이 기업이 비데에 관한 아이디어를 받아들였다면 지금쯤은 이 분야의 산업을 주도하고 있지 않았을까!

다섯 번의 세수, 다섯 번의 예배

무슬림이 용변을 본 후 왜 물을 사용해 손으로 닦는지 궁금해 『꾸란』을 들여다보았더니 외적 신앙의 하나로 '몸과 마음의 청결' (taharah)을 강조하고 있었다. 외모를 깨끗하게 하기 위해 신체의 노출된 부분을 물로 닦는 것이다. 오른손부터 시작해 왼손, 입안, 콧속, 얼굴, 오른팔, 왼팔, 머리, 귀, 목, 오른발, 왼발순으로 세 차례 이상 닦는다. 씻는 부분과 순서는 『꾸란』에 언급되어 있는데, 방법과 횟수는 예언자 무함마드의 가르침에 따른 것이다.

이와 같은 목적과 방법에 따라 몸을 청결하게 하는 것을 '우두' (wudu)라고 한다. 물이 없을 경우에는 모래나 돌 등 깨끗한 물체에 양손을 댄 다음 먼지를 털어버리고 그 손으로 우두하는 시늉이라도 해야 한다고 했다. 이것 역시 『꾸란』과 예언자의 가르침으로 이것은 '타얌뭄'(tayammum)이라 한다. "이가 없으면 잇몸으로 산다"는 우리 속담은 이슬람사회에서는 "물이 없으면 타얌뭄을 하면 된다"는 식이다. 이처럼 이슬람이 청결을 강조하는 것을 보고 이슬람 초기 시절의 중국인은 이슬람교를 청진교(淸眞教)라 불렀다.

예언자 무함마드는 믿음의 조상이라 불리는 아브라함의 가르침을 그대로 전수했다. 그 결과 일상생활의 질병을 예방하기 위해 신체의 열 곳을 청결하게 하라고 하면서 특히 몸 안으로 들어가는 입구와 나오는 출구를 깨끗하게 하는 것이 최선의 방법이라고 했다. 아브라함이 알라로부터 시험받은 열 가지는 수염 다듬기, 물로 입안 양치질하기, 이 닦기, 물로 콧속 닦아내기, 머리 깎기, 손톱 깎기, 할례, 겨드랑이 털 제거, 음모 제거, 대소변 후 그곳을 물로 씻는 것이다.

무함마드는 육체의 청결을 다음과 같이 강조한다.

> 청결하게 하려는 마음으로 얼굴을 닦는 사람이 있다면
> 그가 어떠한 금기사항을 보았다 하더라도
> 그것으로 인한 죄는 얼굴을 씻는 물방울이 그의 얼굴에서
> 떨어지는 것처럼 사라질 것이요, 청결하게 하려는 마음으로
> 그의 손을 씻는 사람이 있다면 그의 손으로 어떠한 잘못을
> 저질렀다 하더라도 그것으로 인한 죄는 그의 손을 씻는
> 물방울이 그의 손에서 떨어지는 것과 같으며,
> 청결하게 하려는 마음으로 그의 발을 닦는 사람이 있다면
> 그의 발로 어떠한 잘못을 저질렀다 하더라도
> 그것으로 인한 죄는 발을 씻는 물방울이 발에서
> 떨어지는 것처럼 사라질 것입니다.

그는 또 인간의 모든 업적은 인간이 갖고 있는 세 가지 도구에 의해 얻어지는 것이라고 했다. 마음속에 뜻을 세우게 하는 것은 머리요, 그 뜻에 따라 행동하는 것은 손과 발이며, 이 세 가지가 인간의 모든 업적을 창출하는 도구이므로, 이 세 곳 모두를 청결하게 유지

하라고 했다. 청결을 신앙생활의 절반으로 묘사하고 "청결하지 않는 상태로 드리는 예배는 알라께서 수락하지 않는다"고까지 말할 정도로 청결을 강조한다.

무슬림은 하루에 다섯 차례 예배를 본다. 새벽에 드리는 파즈르(fajr)를 시작으로 정오의 주흐르(zuhr), 한낮에 드리는 아스르(asr), 석양에 드리는 마그립(magrib), 그리고 저녁에 드리는 이샤(isa) 예배다. "몸을 씻지 않고 드리는 예배는 알라께서 수락하지 않는다"고 했으므로 예배 전에 반드시 몸을 씻어야 한다. 하루 다섯 번 예배를 하니 몸도 다섯 번 씻어야 한다. 우리는 그저 습관적으로 밤잠을 자고 일어나 세수를 할 뿐이다. 특별히 세수하는 목적이 따로 있는 것도 아니다. 세수하는 방법도 사람마다 다르고 하루에 세수하는 횟수도 각각 다르다.

그런데 무슬림의 경우는 달랐다. 세수하는 목적이 분명하다. 가장 위대한 분 알라를 만날 때 가장 청결한 모습이어야 하고, 세수하는 방법은 『꾸란』의 가르침과 예언자 무함마드의 전통에 따르며, 하루에 다섯 번 예배를 드려야 하기 때문에 세수도 하루에 다섯 번 한다.

이처럼 일정한 간격을 두고 몸을 씻으면 육체의 피로가 풀리고 일정한 간격을 두고 예배하는 동안에는 정신적 피로가 풀린다고 한다. 몸에 묻은 때는 물로 씻으면 지워진다. 한 번 씻어 때가 지워지지 않으면 두 번 씻어 지우고, 두 번 씻어 지워지지 아니하면 세 번 씻는다. 다섯 번 정도 씻으면 몸에 묻은 때가 지워진다고 했다. 한편 마음에 묻은 때는 물로는 씻을 수 없으므로 역시 일정한 시간을 두고 하루 다섯 번의 예배를 통해 마음의 때를 씻어낼 수 있다고 본 것

무슬림들은 예배를 드리기 전에 몸을 씻는다. 깨끗한 몸으로 알라에게
예배를 드리고 예배를 통해 마음의 때를 씻어내는 의식이다.

이다.

　이슬람예배는 명상과 요가가 조화를 이룬 의식이다. 정신은 자아
(自我)를 버리면서 알라만을 생각하는 세계로 몰입한다. 몸은 요가
를 하듯 반듯이 선 자세에서 90도로 허리를 구부린 다음 다시 허리
를 반듯이 일으켜 세웠다가 이마가 바닥에 닿도록 절을 한 후 허리
를 반듯이 세우면서 양반다리 자세를 취한다. 그 자세에서 다시 한
번 이마가 바닥에 닿도록 절을 한 후 다시 양반다리를 한다. 이러한
과정이 하루 다섯 번의 의무예배와 추가예배를 합해 최소 17회에서
많게는 48회에 이른다. 더운 기후 때문에 운동량이 적은 대다수 이
슬람세계에서 허리가 굽은 사람이 적은 이유는 어려서부터 생활화
된 예배 덕분이라는 생각이 들었다.

예배에 드는 총 시간은 몸을 씻는 것에서부터 예배가 종료될 때까지 20분 정도가 걸린다. 하루 일과를 수행하면서 일정한 시차를 두고 다섯 번 몸을 씻으면서 다섯 번 몸의 피로를 풀고 다섯 번의 예배를 통해 다섯 번 정신적 피로를 푸는 무슬림의 얼굴은 종교에만 얽매여 사는 사람들이라는 우리의 인식과는 달리 평온해 보였다.

무슬림 바이어에게 한복을 보여줘라

이슬람은 남녀 간의 성윤리와 관련해 옷차림을 중요시한다. 『꾸란』에는 남성의 순결과 겸양 여성의 순결과 옷차림에 관한 교훈이 언급되고 있다.

믿는 남성들에게 일러 가로되
그들의 시선을 낮추고 정숙하라.
그것이 자신들을 위한 순결이니라.

예언자 무함마드는 남자가 여성을 보았을 때 시선을 아래로 하는 것이 여성에 대한 예절이요 상대방을 존중하는 태도이며 남성의 순결을 지키는 것이라고 가르친다. 상대방의 눈을 직시하고 대화를 하는 것이 매너인 서양과는 대조를 이루는 부분이다.

여성의 아름다운 미모를 보고서 그의 시선을
아래로 내리는 남성은 알라께서 그의 마음속에 내려줄
신앙의 단맛을 맛볼 것입니다.

무슬림 남성이 여성과 눈이 마주쳤을 때 시선을 낮춰 여성의 눈길을 피하는 것은 바로 이러한 가르침 때문이다. 그 여성이 추하거나 싫거나 그 여성을 무시해서가 아니라, 그녀의 아름다운 외모가 그 남자의 마음을 유혹하기 때문에 눈길을 피하는 아랍 무슬림 남성도 적잖아 보였다.

무슬림 여성도 남자의 시선을 피하는 것 같았다. 살결을 드러내는 여성을 사우디아라비아에서는 볼 수 없었다. 여성의 구두 소리도 듣기가 쉽지 않았다. 유혹하는 발걸음 소리도 내지 말라는 『꾸란』의 가르침 때문이다.

> 믿는 여성들에게 일러 가로되 그녀들의 시선을 낮추고
> 순결을 지키며 밖으로 나타내는 것 외에는
> 유혹하는 어떤 부분도 보여서는 아니 되나라.
> 그리고 가슴을 가려서 남편과 그녀의 아버지,
> 남편의 아버지, 그녀의 아들, 남편의 아들, 그녀의 남자형제,
> 그녀 남자형제의 아들, 그녀 자매들의 아들,
> 여성 무슬림 자신의 하녀, 성욕이 없는 하인,
> 성에 대한 부끄러움을 알지 못하는
> 어린이 외에는 살결을 드러내지 않도록 하라.
> 또한 여성이 발걸음 소리를 내어 유혹함을
> 보여서는 아니 되느니라.

살결을 노출하지 않는 것이 무슬림 여성의 매너이지만 얼굴과 손

발은 드러낸다. 이 역시 예언자 무함마드의 가르침이다. 그러나 거센 바람이나 통제할 수 없는 상황에서 옷이 날리거나 벗겨져 살결이 노출되었거나 팔찌 등 여성의 장식품 착용으로 인해 드러나는 살결은 무관하다.

> 사춘기를 맞은 무슬림 여성은 얼굴과 손을 제외한
> 나머지 살결은 드러내지 않습니다.

여성의 겉옷은 몸매나 각선미가 드러나지 않도록 느슨하고 축 늘어진 것들이다. 너무 꽉 끼거나 달라붙은 옷을 입어서 앞가슴, 허리, 엉덩이와 각선미 그리고 넓적다리의 형체가 튀어나와 유혹의 씨가 되지 않도록 하기 위해서다. 허용된 자 외에 속이 훤히 들여다보이는 엷은 옷을 입는 것은 유혹과 간음의 원인이라고 하면서 이러한 옷차림의 무슬림 여성은 이것으로 인해 알라의 저주를 받아 결국 천국에 들지 못한다.

> 속이 훤히 들여다보이는 옷을 입은
> 무슬림 여성이 있을 것입니다. 이들의 머리 위에
> 낙타의 혹처럼 큰 혹이 돋아날 것이며 그것으로
> 저주를 받아 천국에 들어가지 못할 것입니다.

남성이 여성복을 입거나 여성이 남성복 차림을 하고 다니는 경우는 거의 없다. 여자같이 처신하는 남자와 남자처럼 처신하는 여자는 저주를 받는다고 했다. 사치성 의상이나 사회적 신분을 드러내기 위한 옷차림은 물론이고 구걸하기 위해 누더기옷이나 거지 행색을 한 사람도 보이지 않았다. 무함마드는 그러한 옷차림을 한 무슬림은 내세에서 가장 수치스러운 옷을 입게 된다고 가르쳤다.

> 현세에서 사치스러운 옷차림을 한 사람은
> 누구를 막론하고 부활의 날,
> 알라께서 가장 수치스러운 옷을 입히고
> 벗긴 옷은 불태워져 버릴 것입니다.

『꾸란』에 언급된 무슬림 여성의 의상에는 크게 세 종류가 있다. 평상시에 입는 통치마와 베일, 망토가 그것이다. 통치마란 머리와 얼굴과 손을 제외한 몸 전체 부위를 가리는 옷으로, 발을 가릴 정도로 길게 내려온다. 머리를 덮는 베일은 여성의 머리와 목을 보호하는 덮개로『꾸란』은 이것을 '쿠므르'(Khumr)라 하고, 망토는 '잘라비브'(Jalabib)라 명시한다. 잘라비브는 외출복으로 몸 전체를 가려 남성의 유혹과 간음으로부터 예방하는 데 목적을 두고 있다.

한편 무슬림 남성이 몸을 노출해서는 안 될 부분(Awrah)에 대해 이슬람 법학자들은 배꼽 부분에서 무릎 관절까지로 정의하고 있다. 따라서 하의는 끝 부분이 발목 아래까지 내려가지 않는다. 남성은 일을 해야 하기 때문이다. 운동복이나 수영복의 경우도 마찬가지다. 살결이 지나칠 정도로 남에게 드러나 보여서는 안 된다. 배꼽에서 무릎까지 가릴 수 있어야 하며 실크나 금실로 만든 남성복은 무함마드에 의해 금지되고 있다.

최근 무슬림 사업가들과 거래나 상담을 하며 그들을 안내하는 한국 여성들이 늘고 있다. 아라비아 반도에 사는 절대 다수의 무슬림 남성들은 한국이나 서구처럼 여성과 접촉할 수 있는 기회를 거의 갖지 못한다. 그 결과 성이 개방된 서구나 한국을 찾는 이들은 노출이 심한 여성과 마주할 때 어떻게 해야 할지 몰라 당황하는 사람도 있다.

노출이 심한 옷은 무슬림 바이어를 어색하게 만들 수 있다. 성을 유혹하는 부분을 보지 말라는 이슬람의 가르침과 명예를 중요시하는 그들은 남의 시선도 중요하다. 특히 수행원들이 있을 때는 더욱 그렇다. 예언자 무함마드는 그의 사위 알리(Ali)에게 이성 간에 눈이 마주쳤을 때 처신하는 방법을 가르치면서 이성 간에 오가는 굶주린 눈길과 색정의 눈길은 간음이라고 했다.

두 번은 쳐다보지 마시오.
우연히 마주친 첫 번째 눈길은 허용하지만
두 번째 눈길은 허용되지 않습니다.
눈 역시 간음을 하는데 색정의 눈길로 상대방의 눈을
쳐다보는 것은 간음이지요.

한국을 찾은 사우디아라비아 무슬림 사업가가 나에게 들려준 이야기다. 시종일관 한국 여사장의 안내를 받으면서 기분은 좋았지만 약간은 당황스러울 때가 있었다고 했다. 수행원들의 눈과 주위 사람

이슬람 여성들은 얼굴과 손을 제외하고 노출을 하면 안 된다.
한국 여성이 이슬람 남성을 만날 때 노출이 심한 옷을 입으면 결례가 될 수 있다.

들의 시선 때문에 그 여사장과 거리를 두려고 하면 더 가까이 오고, 다음 날은 오늘보다 좀 더 긴 옷을 입어주었으면 했는데 더 짧은 옷을 입고, 다음 날은 오늘보다 좀더 수줍은 듯했으면 했는데 더 노골적이더라고 하소연했다. 그는 내일은 어떤 일이 벌어질까 두렵다고 하며 나에게 자문을 구했다. 나는 이럴 경우 이렇게 칭찬해주라고 일러주었다.

"한복을 입은 한국 여성은 너무 아름다워요. 마치 베일을 쓴 아랍 여성처럼 말이에요. 아마 사장님께서 한복을 입으신다면 베일 속의 아랍 미인보다 더 아름다운 미인이 될 것 같아요. 그 모습이 보고 싶어요."

한복은 아랍문화와 이슬람문화의 시각에서 본다면 알라의 축복을 받을 만한 의상이다. 한복이 『꾸란』과 이슬람이 추구하는 이상적인 기준의 의상이기 때문이다. 일부 무슬림 여성이 얼굴까지 가리고 다니는 베일은 이슬람이 추천하는 의상은 아니다. 얼굴과 손목은 드러내는 것이라고 했기 때문이다. 한복이 더욱 사랑을 받을 수 있는 곳은 서양이 아니라 아랍 이슬람세계일 수도 있다. 아마 유럽에서 한복 패션쇼를 열 번 여는 것보다 아랍에서 한 번 개최하는 게 더 효과적일지 모른다.

만약 무슬림과 사랑에 빠진다면?

이슬람국가와 인적 교류가 확대되고 최근에는 이슬람국가의 노동력이 한국에 유입되면서 이슬람사람과 한국인과의 결혼이 늘고 있다. 그와 더불어 이혼하는 사례도 발생하고 있다. 이슬람권으로 시집간 한국 여성이 이혼을 하면서 법적 권리를 찾지 못하는 경우도 있다. 이것은 당사자가 이슬람의 결혼문화에 대한 지식이 없는 데다 이슬람 법률 서비스를 받을 수 있는 곳이 우리나라에는 거의 없기 때문이다.

『꾸란』에 따르면 결혼은 종교적 미덕이요 사회적 필연이며, 성의 타락을 예방하는 안전장치이자 정상적인 삶을 영위할 수 있는 가족 구성의 시발점이다. 이와 관련해 예언자 무함마드는 결혼을 신앙의 절반으로 묘사하면서 결혼을 장려했다. 그뿐만이 아니라 그는 결혼을 장려할 목적으로 결혼하지 않는 성직자 제도와 독신주의를 배제

하면서 이들은 신국(神國)을 허약하게 만들고 국력을 쇠퇴시키는 장본인이라고 비난했다. 그래서 이슬람에는 결혼을 허용하지 않는 불교의 승려나 가톨릭의 신부나 수녀 같은 성직자가 없다.

출산도 장려된다. 이는 산아제한 정책을 편 한국과 대조를 이룬다. 우리를 비롯해 산아제한 정책을 펼쳐왔던 국가들이 이제는 출산장려 정책을 적극적으로 펼치고 있다. 인구 감소를 막아 국력의 핵심인 국방·노동인력을 확보하기 위해서다. 무함마드는 인구가 감소하면 국력뿐만 아니라 신국까지 허약하게 만든다고 말했다. 신자 수가 줄어든 교회는 문을 닫거나 다른 용도로 사용될 수밖에 없기 때문이다.

이슬람에서 합법적인 결혼이 되기 위해서는 네 가지 조건이 필요하다.

첫 번째, 미혼 여성인 경우 본인의 승낙과 함께 보호자의 동의가 필요하다. 여성의 침묵도 결혼 승낙으로 간주된다. 과부나 이혼녀의 경우는 결혼경험이 있기 때문에 보호자의 동의를 필요로 하지 않는다.

두 번째는 혼인 서약서 의식에 반드시 두 명 이상의 남성 무슬림이 증인으로 입회해 혼인 서약서에 서명하는 일이다. 증인이 입회하지 않고 증인의 서명이 없는 결혼은 합법적인 권리를 갖지 못한다.

세 번째는 남성이 여성에게 마흐르(mahr)라 불리는 혼인금을 지불하는 것이다. 이것은 주로 중매인을 통해 양 가문 간에 합의되는 금액인데, 혼인 전에 완불하기도 하고 형편에 따라 후불도 가능하다. 그 금액은 기록으로 남아 이혼할 경우 미지불 금액은 모든 채무에 앞서 첫 번째로 변제받을 수 있는 권리를 갖는다. 여성의 권리가 보장되는 부분이다. 이는 신부 측에서 신랑 집으로 지참금을 가지고 시집을 가는 인도의 전통 결혼, 즉 틸라크(tilak) 제도와는 정반대다. 이 마흐르 제도는 남자의 청혼을 정중하게 거절하는 수단이 되기도 한다. 감당하기 어려울 정도의 마흐르를 요구하면 상대방은 청혼을 거절하는 것으로 받아들이기 때문이다. 이슬람권으로 시집을 가거나 무슬림 남성과 결혼할 한국 여성은 이 제도에 대해 충분히 알아둘 필요가 있다.

결혼할 여성에게 마흐르를 주는 이슬람법은 남자가 여성을 필요로 하며 기꺼이 가족을 부양할 능력이 있음을 여성에게 보증하는 의미다. 여성은 결혼할 때까지 아버지로부터 부양받을 권리를 갖고, 결혼 후에는 남편에게서, 남편이 사망한 후에는 남편의 가문으로부터, 그리고 그 후부터는 국가로부터 보호받을 권리가 있다고 본다. 그러나 비합법적인 방법으로 결혼이 이루어졌을 경우 여성은 마흐르에 대한 권리를 갖지 못한다.

『꾸란』은 무신론자나 우상숭배자와 결혼하는 것을 금지한다. 종교가 없는 무신론자와 결혼하느니 종교를 가진 하인이나 하녀와 결혼하는 것이 더 낫다는 뜻이다. 무신론자와 결혼할 경우에는 내세에 가서 천국을 보장받지 못하나 유신론자인 하인이나 하녀와 결혼할 경우에는 신국에 들어가는 것이 허용된다. 결혼 대상자인 여성은 무슬림이 우선이다. 여성이 무슬림이 아닐 경우에는 이슬람으로 개종시켜 결혼하는 것이 최우선이나 기독교를 믿는 여성과의 결혼은 인정된다. 이슬람교의 알라와 기독교의 하나님은 말과 글이 다를 뿐

동일한 창조주이며 두 종교 모두가 예수의 부활과 재림을 믿고 있기 때문에 가능한 일이다.

우리나라에서는 금지된 동성동본 간의 결혼이 이슬람에서는 동성동본은 물론 근친 간의 결혼도 허용된다. 『성경』과 마찬가지로 『꾸란』도 아담과 하와를 알라가 창조한 최초의 남녀라 했고 지구촌에 살고 있는 인류 모두를 아담과 하와의 후손으로 본다. 그래서 모두를 형제자매의 관계로 본다. 이에 근거해 예언자 무함마드는 그의 딸 파티마를 사촌동생인 알리와 결혼시킴으로서 동성동본과 근친 간의 결혼문화를 남겨놓았다.

이러한 이유로 고부간의 관계와 갈등이 우리와는 많이 다르다. 딸이 이모의 아들과 결혼했을 경우 이모와 조카 관계가 시어머니와 며느리 관계로 발전한다. 일상 언어생활이나 모든 글에서 아내는 남편의 어머니를 시어머니라고 부르는 한국과는 달리, 이슬람에서는 '이모'(khalati)라 부르는 호칭이 더 자연스럽다. 그 결과 이 두 문화권에 존재하는 고부간의 갈등도 다르게 나타난다. 이와 관련된 아랍작품이나 영화를 볼 때 우리가 줄거리를 쉽게 이해할 수 없는 까닭도 바로 이러한 문화적 차이 때문이다.

부인이 몇 명 있으신가요?

아랍문화는 크게 이슬람 이전의 문화와 이슬람 이후의 문화로 나뉜다. 아랍인이나 무슬림은 예언자 무함마드가 알라의 첫 계시를 받았다는 시점인 서력 610년을 기준으로 그전을 문맹시대, 그 후를 문명 또는 이슬람시대라 부르고 있다. 결혼문화 역시 이슬람 이전과 이후에 따라 크게 달라진다.

이슬람교가 생기기 전에는 아내의 숫자에 제한을 두지 않는 일부다처와 일처다부가 성행하고 있었다. 당시에는 네 가지 유형의 결혼이 있었다. 여성의 보호자나 여성 당사자에게 사람을 보내 혼담을 성사시켜 결혼하는 오늘날의 이슬람사회에서 보편화된 결혼이 있고, 두 번째는 혼인하기로 약속한 여성이 생리가 끝나면 그녀를 다른 남자에게 보내 그와 동침하게 하고 임신이 확인되면 그녀와 결혼하는 형태가 있었다. 이렇게 하면 아들을 낳을 수 있다고 하는 관습이 있었다. 세 번째는 한 여성이 여러 남자와 동침해 임신하고 출산한 뒤 그 여성과 동침했던 남자들이 한자리에 부른다. 그리고 그 여성이 그 아이를 임신케 한 남자의 이름을 말하면 그 아이는 그 남자의 아이가 되면서 결혼이 성립된다. 네 번째는 여성이 자신의 집 대문에다 남자가 들어와도 좋다는 표시를 하면 동침을 원하는 남자들이 아무 때나 들어가 그녀와 동침을 하는 것이다. 여자가 아이를 낳으면 동침했던 남자들을 불러 모은 후 한 남자의 이름을 언급한다. 그리고 그 남자가 이에 동의하면 결혼이 이루어지는 풍습이다.

이러한 결혼문화는 『꾸란』의 가르침에 따라 변했다. 일처다부제와 아내의 숫자에 제한을 두지 않았던 일부다처제가 폐지되고, 고아들을 공정하게 보살펴주기 위해 최대 네 명의 여인과 결혼해도 된다는 꾸란법이 만들어졌다. 그때부터 일부사처(一夫四妻)로 제한을 두게 되었다. 이 제도는 여성의 권리를 모독한 남성중심의 결혼문화라는 비난을 받고 있지만 오늘날까지도 이슬람국가에서는 법적 효력이 있다. 그러나 알고 보면 이 제도는 남성중심이라기보다는 여성중심이며 오히려 여성과 고아의 권리를 보호하기 위해 만들어진 제도로 볼 수 있다.

일부사처제는 아라비아 반도가 이슬람에 정복되는 과정에서 만들어진 법으로 보인다. 기혼 무슬림 남자가 두 번째 부인을 맞아들일 수 있는 조건은 전쟁으로 발생한 미망인들에게 합법적인 성생활과 가정을 가질 수 있는 환경을 만들어주기 위해서다. 또한 다른 부인을 둘 수 있는 경우는 『성경』과 『꾸란』에 등장한 예언자 아브라함이 그랬듯이, 가문의 대를 이어갈 자식을 합법적으로 얻기 위해서다. 네 명의 부인까지 허용되는 경우는 남편을 잃은 미망인의 자식, 즉 고아들에게 합법적인 권리를 부여하기 위함이다.

여기에는 남자들이 지키기 어려운 조건이 따른다. 이슬람의 최상위법인 『꾸란』이 부인들에 대해 공평한 대우를 요구하고 있는 것이다. 부인들에게 공평한 대우를 할 수 없을 때는 『꾸란』 제4장 제3절에 근거해 반드시 한 명의 아내만 두라는 일부일처제를 우선으로 하고 있다. 남자가 아무리 최선을 다한다 해도 남녀 간의 본능과 본성 때문에 편애 없는 사랑이 불가능할 것이라는 『꾸란』 제4장 제129절도 이런 현실을 반영한 것이다. 이슬람문화권에서는 법률에 버금가는 예언자 무함마드의 『언행록』은 부인들에 대한 공평성이 유지되기 위해서는 최소한 각 부인에게 독립가옥을 마련해주어야 한다고 했다. 또한 남자의 낮 시간과 밤 시간을 고르게 분배해야 하며, 아침이 되면 각 부인을 찾아가 낮 동안에 남편이 해야 할 일이 무엇인가를 물어 그것을 실행해야 한다고 했다.

이런 조건을 모두 충족시킬 수 있는 남자는 없을 것이다. 혹 재정적 능력이 있는 남자라면 각 부인에게 독립가옥을 비롯해 물질적인 공평성은 충족시켜줄 수 있을 것이다. 낮 시간을 균등하게 분배해 각 부인이 요구하는 낮 시간의 일도 공평하게 할 수 있을 것이다. 그러나 과연 각 부인에게 밤 시간을 균등하게 분배해 각 부인이 요구하는 밤 시간의 일까지 공평하게 할 수 있을까! 만일 이것을 충족시키려고 발버둥치는 남자가 있다면 그는 단명하고 말 것이다. 여러 명의 아내를 거느렸던 예언자 무함마드는 한 명의 아내를 두는 것이야말로 행복이라고 고백했다.

행복은 네 가지 요소를 갖고 있지요.
한 명의 아내, 넓은 공간의 집, 이웃,
그리고 교통수단이 그것입니다.

『꾸란』을 헌법으로 채택하고 있는 사우디아라비아의 남자들은 법에 따라 네 명의 부인을 둘 수 있다. 그러나 연애는 거의 불가능하다. 여성들과 대화를 나누는 것도 쉽지 않다. 『꾸란』이 술을 금지하고 있기 때문에 술 문화가 없고 남녀가 자리를 함께 할 수 있는 유흥가도 없다. 물건을 사고파는 가게나 음식을 먹고 마시는 식당이나 다방에도 남자가 서비스를 하기 때문에 남자는 여자들에게 말을 걸 기회조차 갖기 힘들다.

한국을 찾은 한 사우디아라비아 상인은 한국 남성이 부럽다고 했다. 한국 남자는 때와 장소를 가리지 않고 여성들과 자유롭게 대화도 할 수 있고 돈만 있으면 연애도 가능하지만 자신들은 가진 돈이 많아도 유흥가에 갈 수 없고 연애도 할 수 없으며 가진 돈마저 쓸 곳이 없다고 했다.

두 번째 부인으로 사우디아라비아에 시집가서 세 명의 아들을 둔 한 한국 여성이 들려준 말에 따르면 그곳에서는 한국이나 서구에서 상상조차 할 수 없는 여성의 권리가 보장된다고 한다. 그곳에서는 한 남자의 부인 모두가 동일한 권리와 의무를 갖고 있을 뿐만 아니라 각 부인에게서 태어나는 자식들 역시 동일한 권리와 의무를 갖는다는 것이다.

이러한 문화는 이색적인 청혼 문화를 만들었다. 기혼 남자일지라도 아직 네 명의 부인을 두고 있지 않다면 여자는 그 남자에게 청혼을 할 수 있고, 남자는 기혼자라 할지라도 아직 네 명의 부인을 두고 있지 않다면 여자에게 청혼을 할 수 있다. 그러니 청혼하고 청혼을 거절하는 방법도 흥미롭다. 남자가 여자에게 "나는 부인이 아직 한 명입니다"라고 말한다면 그녀에게 마음이 있다는 의사표시를 한 것이다. 또 여자가 남자에게 "부인이 몇 명인가요?"라고 묻는다면 그에게 마음이 있다는 의사표시가 될 수 있다. 이때 남자가 "나는 이미 네 명의 부인이 있어요"라고 대답한다면 그녀의 청혼을 거절하는 것이다.

3

『꾸란』으로 이슬람 엿보기

나를 구세주로 믿는 자가 있다면
그가 믿는 신은 이미 죽고 없습니다.
그러므로 구원을 받지 못할 것입니다.
그러나 창조주를 구세주로 믿는다면
그가 믿는 창조주는 영원히 살아 계십니다.
그러므로 그는 구원을 받을 것입니다.
왜냐하면 그분은 우리를 창조하시고
처음도 없고 끝도 없이
영원히 살아 존재하는 분이시기 때문입니다.

같은 신, 세 이름—여호와, 하나님, 알라

유학시절 이슬람문화 과목을 수강하면서 무슬림들도 예수를 믿고 있을 뿐 아니라 예수도 유일신 창조주 알라를 경배하고 있다는 내용을 듣고는 놀라지 않을 수 없었다. 예수가 경배했던 구세주가 있고 그 신이 바로 알라라는 내용은 사실 여부를 떠나 충격과 혼란을 가져다 주었다. 이슬람에 대한 관심과 지식이 거의 없는 한국에서는 그런 이야기를 들어본 적이 없었으니 두 종교가 전혀 다른 종교라고 생각하는 것이 당연했던 것이다.

나는 '알라'가 아랍인 또는 이슬람교 신자인 무슬림이 믿는 신이라고 배웠다. 학교, 교회, 언론 등을 통해 접한 지식으로는 그렇게 생각할 수밖에 없었다. 그래서 이슬람교의 알라는 기독교의 하나님과는 전혀 다른 신인 것처럼 느껴졌다. 한국의 한 신학대학 석사학위논문에서는 알라를 거짓으로 가득 찬 영(靈)이자 하나님의 자리를 대신 차지한 사탄의 영이라고 규정하는 것을 보기도 했다.

처음 사우디아라비아에 갔을 때 나를 가장 괴롭힌 것은 어설픈 아랍어 실력보다는 문화적 갈등이었다. 왕립이슬람대학 교수가 '알라'가 영어의 '갓'(God), 즉 하나님과 동일한 존재라고 설명했을 때, 내 머릿속에서는 그것을 받아들일 수 없었다. 두뇌에 서로 다른 존재, 서로 다른 의미로 저장되어 있는 '알라'에 대한 고정관념이 그 설명을 거부했다. 검은색을 갑자기 흰색이라고 하면 혼란스럽지 않은 사람이 어디 있겠는가.

알라가 기독교의 하나님과 동일한 유일신 창조주로 받아들이기까지는 상당한 시간이 필요했다. 기독교인은 두 신이 다르다고 하는데 무슬림은 왜 같다고 할까? 기독교는 삼위일체론에 따라 예수가 곧 구세주라고 한다. 무슬림은 예수를 예언자로 인정하지만 구세주는 아니라고 주장한다. 예수가 신인가, 인간인가에 대한 문제가 이들을 갈라놓아 역사 속에서 끊임없이 갈등의 원인이 된 것이다. 그러나 그들이 믿는 신은 유대교·기독교·이슬람교 모두 유일한 창조신이다. 같은 신을 믿지만 서로 다른 종교를 가지게 된 이유는 결국 그것을 믿는 사람들이 다르기 때문이었다. 그렇지만 사실을 알아도 머릿속에서 이미 다르다고 인식했던 선입견이 쉽게 바뀌지는 않았다.

유학 4년차에 들어서면서 해답의 실마리가 보이기 시작했다. 고정관념과 문화인식의 차이로 인한 선입관이 깨지기 시작하면서부터다. 각 민족이 사용하고 있는 말과 글이 서로 달라 동일한 존재에 대한 명칭이 서로 다르게 표현된 것에 불과하다는 것을 이해하고 받아들이게 된 것이다. 동일한 존재에 대한 명칭이 각 민족이 사용하는 언어에 따라 영어권에서는 '갓'(God)으로, 독일어권에서는 '고트'(Gott)로, 한국어를 사용하고 있는 한국에서는 '하느님' 또는 '하나님'으로 표현되고 있다는 것에 지나지 않는다는 것을 깨닫고 서로 다른 존재가 아니라 동일한 존재임을 확신하게 된 것이다.

'알라'가 유대교·기독교·이슬람교의 3대 종교에서 믿고 있는 동일한 존재임은 굳이 신학적인 설명이 필요 없다. 영어 『성경』의 '갓', 독일어 『성경』의 '고트', 한국어 『성경』의 '하느님' 또는 '하나님'이 아랍어 『성경』에서 '알라'로 표기된다. 유학 4년차를 나는 확

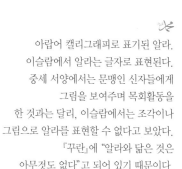
아랍어 캘리그래피로 표기된 알라. 이슬람에서 알라는 글자로 표현된다. 중세 서양에서는 문맹인 신자들에게 그림을 보여주며 목회활동을 한 것과는 달리, 이슬람에서는 조각이나 그림으로 알라를 표현할 수 없다고 보았다. 『꾸란』에 "알라와 닮은 것은 아무것도 없다"고 되어 있기 때문이다.

신의 단계로 보았다. 이처럼 '알라'라는 단어 한 마디를 바로 이해하고 확신하는 데 4년이란 기간이 걸린 것이다. 외국어 단어 한 마디의 뜻을 이해하고 소화시키는 데는 몇 시간, 아니 몇 분이면 가능하다. 그러나 왜곡되게 인식한 타문화를 바로 이해하는 데는 많은 시간이 걸림을 뼈저리게 느꼈다.

　인간의 정신생활에 가장 큰 영향을 미치고 있는 것이 종교라는 것은 동서고금을 막론하고 부정할 수 없는 사실이다. 전 세계는 다종교 사회다. 그러나 유대교·기독교·이슬람교는 서로를 이해하고 존중하며 평화를 추구하기보다는 대립과 갈등, 분쟁과 전쟁을 일삼아왔다. 이 3대 종교는 창조주 유일신을 섬기고 있으며 아담과 하와를 인류의 시조로 삼고 있다. 각 민족마다 사용하는 말과 글이 다르고 해서 창조주가 다르고 인류의 시조가 다른 것은 아닐텐데 말이다.

고독한 청년 무함마드

우리나라에 마호메트라는 이름으로 소개되고 있는 이슬람교의 창시자는 두 개의 이름을 가지고 있다. 『꾸란』에는 그의 이름이 무함마드(Muhammad)와 아흐마드(Ahmad)로 기록되어 있다. 앞의 이름은 할아버지가 작명한 것이고 뒤의 이름은 모친이 지은 것이다.

그는 570년 메카의 쿠라이쉬 부족 집안에서 유복자(遺腹子)로 태어났다. 그가 유복자가 된 것은 아버지 압둘라가 어머니 아미나와 결혼한 뒤 3일간 신혼여행을 마치고 시리아 지역으로 낙타 대상(隊商)을 따라 나섰다가 돌아오는 길에 열사병에 걸려 죽었기 때문이다.

설상가상으로 그는 여섯 살이 되었을 때 어머니를 잃었다. 그가 어머니를 따라 메디나에 있는 외갓집에 갔다가 돌아오는 길이었다. 열사병에 걸린 어머니는 기력을 잃고 다시 일어나지 못했다. 이후부터 할아버지의 보살핌을 받았지만 할아버지도 그가 여덟 살이 될 무렵 세상을 떠났다. 결국 그는 가난한데다 부양할 자식이 많은 삼촌 댁에서 더부살이를 해야 했다.

남의 양을 돌보고 받은 품삯으로 끼니를 때우는 삼촌의 형편을 잘 아는 그는 끼니만 축낼 수 없었다. 처음에는 양치기 일을 하며 삼촌을 돕다가 열두 살 때부터는 낙타 대상의 일원이 된 삼촌을 따라 샴 지역(시리아·요르단·레바논·팔레스타인)을 드나들며 삼촌의 일을 도왔다. 그는 이 여행에서 많은 것을 얻었다. 밤이 되면 사막에서 노숙하며 하늘과 대화를 나누고, 우주의 신비에 경외심을 품으며 외로움과 고독을 달랬다. 가난해서 제대로 된 교육을 받을 수 없었으나 나라 밖의 문물을 보며 새로운 것을 발견할 수 있었고, 일찍이 부모를 잃었지만 사막의 밤하늘에서 부모와 친구를 발견한 것이다. 이 여정에서 남다른 상술도 터득한 그는 물질적 여유도 얻었다. 젊은이들에게 "중국까지 가서라도 새로운 문물을 배우고 익혀야 한다"고 한 이유는 이러한 경험에서 우러나온 것이다.

무함마드는 잘생기고 호방한 외모를 가졌던 것 같다. 그는 보통 키에 어깨와 가슴이 떡 벌어지고 골격이 튀어나온 체형이었다. 머리뼈가 크고 검은 머리에 약간의 곱슬머리가 어깨까지 내려와 있었다. 노년에도 흰 머리카락이 별로 없었으며 윤기가 있었다고 한다. 얼굴은 계란형이었고 눈썹은 아치형이었으며 열을 올려 설교할 때는 온몸을 떨었다. 깊고 숱이 많은 속눈썹 아래로 크고 검은 그의 두 눈동자가 움직였다. 코는 높았고 잘 손질된 치아는 고르고 하얀 빛이 났다. 그의 구레나룻과 턱수염은 사나이다웠다. 그의 발걸음은 빠르면서 위엄이 있었고 탄력이 있어 산비탈을 내려오는 사람의 발걸음 소리가 났다. 그는 항상 얼굴에 미소를 띠고 있었으며 언제나 깊은 사색에 빠져 있었고 소리 내어 호탕하게 웃기보다는 미소를 머금은 인자한 모습이었다.

그는 성실하고 믿음직스러웠을 뿐만 아니라 상술에 탁월한 재능을 갖고 있었다. 이 소문이 메카 전역에 퍼져나갔다. 이 소식을 접한 카디자라는 여성 사업가가 무함마드를 채용했다. 소문대로 그는 근면하고 성실했으며 외국에 다녀올 때마다 많은 실적을 올렸다. 카디자는 그의 성실함과 능력에 반했고 무함마드는 그녀로부터 따뜻함을 느꼈다. 이런 관계가 사랑으로 발전했다. 결혼할 때 무함마드는

25세였고 카디자는 그보다 열다섯 살이나 많은 40세의 미망인이었다. 일찍 고아가 되어 어머니의 사랑을 받지 못했던 무함마드에게 카디자는 어머니이자 따뜻한 누나, 다정한 여자 친구였다.

그러나 어린 시절 겪은 외로움과 고독은 결혼한 후에도 그의 곁을 떠나지 않고 그로 하여금 사색과 명상에 빠져들게 만들었다. 결혼한 지 10년이 지났을 때부터 그는 매년 라마단 달이 되면 산 중턱에 있는 히라 동굴로 들어가 사색과 명상을 즐겼다. 명상에 들어간 지 5년 후, 그의 나이 40세가 되던 610년 라마단 달 27일 밤, 명상에 잠긴 그에게 천사 가브리엘이 내려와 그에게 알라의 첫 말씀을 전달했다. 이슬람교가 탄생한 순간이다.

무함마드는 구세주가 아니다

석가모니(붓다)가 불교의 창시자로, 그리고 예수가 기독교(예수교)의 창시자로 알려져 있는 것처럼 무함마드는 우리에게 이슬람교의 창시자로 소개된다. 불교는 붓다의 이름을 본떠 나온 종교의 명칭이고 예수교 역시 예수의 이름을 본떠 만든 종교다. 이러한 이유로 서구인은 이슬람교를 마호메트(무함마드)교라고도 부른다.

그런데 이슬람교를 믿고 따르는 무슬림은 이슬람교를 무함마드가 창시했다고 보지 않는다. 마호메트교라는 표현은 더더욱 인정하지 않는다. 이슬람교는 그가 창시한 것이 아니라 『성경』과 『꾸란』에 등장한 모든 예언자가 믿고 따랐던 종교를 무함마드가 후세 사람들에게 전달한 것에 불과할 뿐이라고 주장하기 때문이다.

『꾸란』에는 아담, 에녹, 노아, 후드, 살레, 아브라함, 롯, 이스마

무함마드의 캘리그래피. 무함마드를 표현한 그림은 거의 없다.
이슬람에서는 우상숭배를 철저히 금지하기 때문이다.
유럽에서 예수를 표현한 예술작품 넘쳐나는 것과는 대조된다.

엘, 이삭, 야곱, 요셉, 욥, 이사야, 이드로, 요나, 모세, 아론, 엘리야,
엘리사, 다윗, 솔로몬, 사가랴, 세례자 요한, 예수, 무함마드 등 25명
의 남자 예언자와 마리아 등 여성 예언자가 등장하고 있다. 이중 후
드와 살레 두 명의 예언자를 제외하면 23명의 예언자가 『성경』과
일치한다.

　그렇다면 무함마드는 어떤 신을 숭배하고 어떤 종교를 믿었을까?
그는 예수가 믿었던 신을 믿고 그가 따랐던 종교를 따랐을 뿐이라고
이야기한다. 그럼 예수는 어떤 신을 믿고 어떤 종교를 따랐을까? 그

는 모세가 믿었던 신을 믿고 그가 따랐던 종교를 따랐을 뿐이라고 말한다. 모세는 이스마엘과 이삭이 믿었던 신을 믿고 이스마엘과 이삭은 믿음의 조상 아브라함이 믿었던 신을 믿는다. 아브라함은 노아가 믿었던 신을 따랐고 노아는 아담이 믿었던 신을 따른 것이다. 그렇다면 아담은 어떤 신을 믿고 어떤 종교를 따랐는가? 이 질문에 무함마드는 『꾸란』에 나오는 말을 들어서 아담은 창조주께서 제정한 종교를 믿었다고 대답한다. 다시 말해 이슬람교는 무함마드가 창시한 종교가 아니라 그분께서 창시하고 모든 예언자가 믿었던 신, 그리고 그들이 따랐던 창조주의 종교인 것이다.

예언자 무함마드는 각 민족이 사용하는 말과 글이 달라서 창조주의 명칭이 서로 다를 뿐이지 창조주는 동일한 분이므로 그분께서 제정한 종교를 믿어야 하고 그분만을 구세주로 받들어야 한다고 주장했다. 기독교에서 예수를 통하지 않고는 구원받지 못한다고 말하는 것처럼 이슬람교에서는 창조주를 통하지 않고는 구원받을 수 없다고 이야기한다. 무함마드 자신은 물론이고 모세나 예수를 구세주로 믿는 것은 창조주를 불신하는 것이므로 결국 구원을 받지 못한다는 것이다. 무함마드 자신을 구세주로 믿는 사람도 구원받지 못한다. 왜냐하면 그는 죽을 운명을 가진 한 인간에 지나지 않기 때문이다. 그래서 그는 이렇게 말했다.

나를 구세주로 믿는 자가 있다면 그가 믿는 신은
이미 죽고 없습니다. 그러므로 구원을 받지 못할 것입니다.
그러나 창조주를 구세주로 믿는다면 그가 믿는 창조주는

영원히 살아 계십니다. 그러므로 그는 구원을 받을 것입니다.
왜냐하면 그분은 우리를 창조하시고 처음도 없고 끝도 없이
영원히 살아 존재하는 분이시기 때문입니다.

무함마드가 내게 준 선물

미국의 마이클 H. 하트는 인류의 역사가 시작된 이래 인류의 문명을 좌우했고, 문명의 흥망에 영향을 미쳤으며 세계사의 흐름을 바꾸어놓은 인물들에 관한 연구서를 펴냈다. 그는 인류사에 가장 큰 영향을 미친 100인 중 가장 큰 영향을 미친 사람은 공자나 맹자, 예수나 석가모니가 아닌 무함마드라고 지적했다.

무함마드는 스스로 한 인간에 불과하다고 말했고 『꾸란』도 그를 인간으로 언급한다. 후세의 모든 무슬림도 그를 한 명의 인간 이상으로 보지 않았다. 그는 석가처럼 불자들의 절을 받는 대상도 아니고 예수처럼 경배의 대상이나 구세주도 되지 못했다. 그럼에도 불구하고 그가 인류 역사에서 가장 큰 영향을 미친 인물로 선정된 까닭은 무엇일까?

나는 이러한 궁금증을 해소하기 위해 이집트 사학자 무함마드 H. 하이칼이 저술한 『무함마드의 생애』(life of Muhammad)를 1998년에 번역하며 이슬람서적을 한국에 소개하기 시작했다. 그 다음해 5월, 나는 소포를 하나 받았다. 발신자는 사우디아라비아의 무함마드 수하임이란 분이었다. 내가 이슬람책을 번역한다는 것을 어떻게 알았을까? 일면식도 없는 그가 내게 보낸 소포에는 『ar raheeq al makhtum』라는 책과 이 책을 한국어로 번역해달라는 내용이 담긴

『인간 무함마드』는 무함마드가 예언자로
선택을 받기 전의 아랍종교와 사회적 상황과,
그가 알라의 계시를 받아 아랍사회를
개혁하고 아라비아 반도를 이슬람으로
통일해가는 과정을 다룬다.
원서 제목인 'ar raheeq al makhtum'은
봉인된 순수한 술이라는 의미로 천국에
들어간 자들이 맛보게 될 신성한 술을 말한다.

편지가 들어 있었다. 바로 무함마드의 생애에 관한 국제학술경연대
회에서 대상을 받은 인도 출신의 사피 아르라흐만 알 무바라크푸리
(Safi ar Rahman al Mubarakpuri)가 저술한 아랍어 논문이었다.

이 책은 1996년 메카에 본부를 두고 있는 전 세계 이슬람총연맹
이 수여하는 학술상 대상으로 선정된 후 영어를 비롯한 다른 외국어
로 번역된 서적이었다. 내용은 예언자 무함마드 생애를 문헌에 근거
하여 다룬 논문이었다. 당시 나는 인문대학장으로 학사행정과 강의
로 시간을 내기가 어려웠을 뿐만 아니라 고문(古文)이 많이 인용된
논문저서라 번역하기가 부담스러웠다. 게다가 번역비도 지원되지
않았기에 더욱 쉽지 않았다. 그렇지만 이미『무함마드의 생애』를 번
역한 경험이 있었고 번역을 부탁받은 책 역시 무함마드를 다루고 있
었기에 호기심이 생겼다. 결국 나는 1년 안에 번역하기로 약속하고

작업에 들어갔지만 672쪽에 달하는 방대한 분량에다 바쁜 일정 때문에 2001년 10월 3일에야 번역을 마칠 수 있었다.

그런데 번역 원고를 보냈는데 답이 없다. 번역비도 받지 않고 순수한 마음에서 한 일인데 바로 출판해주지는 못할망정 번역을 마치고 무려 4년이 지나도록 어떤 연락도 받지 못했다. 인내심이 한계에 도달한 나는 자비를 들여 2006년 7월에 이 책을 『인간 무함마드』란 이름으로 출판했다.

'라히끄 마크툼'(ar raheeq al makhtum)이란 원서의 제목은 『꾸란』 제83장 제25절에 나오는 문구로 '봉인된 순수한 술'이란 의미를 담고 있다. 천국에 들어간 자들이 맛보게 될 신성한 술이다. 애주가들에게 호감을 주는 표지의 의미와는 달리, 내용은 무함마드가 탄생하기 이전의 아랍사회의 생활상을 비롯하여 이슬람 이전의 아랍 종교와 사회적인 상황, 610년 그가 마지막 예언자로 택함을 받아 23년 동안 알라의 계시를 받으며 아랍사회를 개혁하고 아라비아 반도를 『꾸란』의 아랍어와 이슬람으로 통일해가는 과정, 그리고 그가 632년 이 세상을 떠난 그 날까지 그의 생애를 다룬다.

이 책이 나에게 행운을 안겨주었다. 2005년 8월 2일 사우디아라비아 파하드 국왕이 서거하고 그 뒤를 이어 압둘라 왕세제가 왕위를 계승했다. 그 다음해 2006년 10월 31일 '전 세계 각 국가들 간의 상호 문화교류를 촉진하고 문명 간의 지적 교류 증진'이라 목표를 세워 압둘라국왕 국제번역상을 제정했다. 이 상은 번역 작품의 우수성과 탁월성, 번역자의 전문지식과 업적을 인정하고 번역자들의 노력을 격려하고 번역사업을 촉진시키는 데 의미를 두고 있었다. 번역이

상호 문화와 문명 간의 대화에 큰 촉매작용을 하는 중요한 도구라는 점에서 국제번역상은 문명 간의 이념적·사상적·학문적 대화를 주도해 언어와 문화와 종교를 서로 달리하는 민족 간의 갭을 줄이는 데 그 뜻을 둔다.

메달과 상금은 매년 인문학 분야 중 아랍어에서 외국어로의 번역상 1명, 외국어에서 아랍어로의 1명, 그리고 과학 분야 중 아랍어에서 외국어로의 1명, 외국어에서 아랍어로의 1명 등 총 4명과 이 두 분야에서 업적이 가장 많은 1개 기관을 선정하여 수상한다.

2007년 5월 29일 제1차 번역상에 도전했다. 마침 『꾸란』을 한국어로 번역한 것이 있었다. 이슬람의 경전이라는 점에서 한 가닥 희망을 가져보았다. 그러나 『꾸란』은 전 세계 거의 모든 언어로 번역되어 경쟁이 치열한데다 한글은 우리나라만 사용하기 때문에 국제기여도가 낮았다. 까다로운 절차와 추천을 받아 신청했지만 결과는 낙방이었다. 낙담한 나는 앞으로는 더 이상 상에 관심을 두지 않기로 했다.

2008년 매스컴을 통해 제2차 수상지원자신청공고가 나오자 마음이 바뀌었다. 출간된 지 5년이 지나지 않은 번역서도 후보에 올릴 수 있었기 때문이다. 2006년 7월에 출간된 『인간 무함마드』가 생각났고 이 책으로 지원했다. 그리고 2009년 3월 7일 토요일 밤 10시, 택시 안에서 국제전화를 한 통 받았다.

"여기는 사우디아라비아 압둘아지즈 왕립도서관입니다. 최영길 교수님인가요? 마브룩(mabruk: 축하합니다)!" 2008년도 수상자로 선정되었다는 전화통보였다. 이 소식을 접했을 때 혹시 잘못 들

한 통의 편지를 받고 나서 시작한 일이 압둘라왕 국제번역상이라는 영광을
나에게 가져다주었다. 한국어의 비중이 낮은 이슬람세계에
우리나라를 조금이라도 알릴 수 있는 하나의 계기가 되기를 희망한다.

은 것이 아닌가 하는 생각이 들었다. 신청은 했지만 큰 기대는 하지
않았다. 전 세계 관련 학자들과의 경쟁도 만만치 않거니와 국제사회
에서의 한국어의 영향력이 낮아 관련항목에 대한 점수를 기대할 수
없었기 때문이다.

　2회째 수여되는 압둘라국왕 국제번역상 2008에는 총 25개 국가
에서 127명이 신청했다. 이중 13개 국가가 아랍 국가이고 나머지
12개 국가는 비아랍국가다. 번역에 사용된 언어는 14개 언어에 달
했다. 1년간의 심사를 거쳐 총 5개 분야의 시상자가 선정되었으며
나는 인문학 분야에서 당선이 되어 2009년 5월 26일 모로코 카사블

랑카에 있는 고(故) 압둘아지즈 국왕 문화센터에서 열린 시상식에서 증서와 금메달과 상금을 받았다. 한번도 만난 적이 없는 사람으로부터 받은 편지 한 통에 지원비도 없이 시작했던 일이 이런 결과를 가져다주리라고 누가 상상이나 했을까! 하기 싫은 것도 최선을 다하면 약이 되고 복이 될 수 있다는 『꾸란』 제2장 제216절의 내용이 머리에 떠올랐다.

『꾸란』에 근거한 최고의 미남, 요셉

알라는 예언자 무함마드에게 『꾸란』을 통해 가장 아름다운 이야기를 전한다면서 요셉에 관한 계시를 내린다. 요셉은 예언자 야곱의 열두 아들 중에서 열한 번째 아들로 라헬이 낳은 두 아들 중 맏아들이다. 그의 이름은 『꾸란』에서 26회 언급되고 있으며 『꾸란』 총 114장 가운데 유일하게 요셉 장(surat Yusuf)이라는 이름으로 『꾸란』의 한 장을 차지하고 있다. 예언자 무함마드는 그를 가리켜 가장 고매한 인물이며 알라의 예언자요, 예언자의 아들이라고까지 표현하고 있다.

야곱은 세 부인들로부터 얻은 열 명의 형제보다 그가 사랑했던 라헬에게서 얻은 요셉을 편애했다. 요셉은 열두 살이었을 때 꿈에서 열한 개의 별과 해와 달이 그에게 절하는 것을 보았다고 야곱에게 말했다. 열한 개의 별은 자신을 제외한 열한 명의 형제, 해는 그의 아버지, 그리고 달은 그의 모친을 가리킨다. 아버지는 형제들이 그에게 사악한 음모를 꾸밀까 두려워 형제들에게 꿈 이야기를 하지 말라고 했다.

열 명의 이복형제들은 요셉에 대한 아버지의 편애에 불만을 품고 요셉을 살해하든지 아니면 요셉이 집으로 돌아올 수 없는 먼 곳에 버리자고 입을 모았다. 요셉이 없으면 아버지의 관심과 사랑이 돌아올 거라고 생각한 것이다. 이때 마음 착한 한 이복형제가 요셉을 죽일 수 없다고 생각하고 우물 속에 밀어넣어 지나가는 사람이 데려가도록 하자고 제의했다.

형제들은 요셉을 밖으로 유인하기 위해 야곱을 속였다. 들판에 나가 요셉과 함께 뛰어놀고 싶다고 했다. 요셉의 안전을 걱정하는 아버지에게는 힘센 열 명의 형들이 그를 보호할 것이라고 맹세하고 아버지의 허락을 받아냈다. 집에서 멀리 떨어진 들판으로 요셉을 유인한 이복형제들은 계획대로 요셉을 우물에 밀어 넣고 저녁에 돌아와 경주에 열중하느라 요셉에게서 잠시 눈을 돌렸을 때 늑대가 그를 잡아먹었다고 말하면서 양피를 묻힌 요셉의 옷을 그 증거로 가져왔다. 그러나 야곱은 그들이 거짓말을 하고 있다는 것을 알았다. 그들의 말대로 늑대가 요셉을 잡아먹었다면 요셉의 옷에는 늑대의 이빨에 찢긴 흔적이 있을 텐데 그렇지 않았기 때문이다.

한편 요셉은 메디안에서 이곳을 지나가던 대상들에게 구해졌다. 그들은 우물을 발견하고 갈증을 해소하기 위해 두레박을 우물에 넣었는데 그 안에는 천사같이 천진난만하고 잘생긴 요셉이 들어 있었다. 상인들은 그를 이집트로 데려가 까뜨피르란 사람에게 20디르함을 받고 팔아버렸다. 요셉을 산 그는 당시 이집트의 양곡을 관장하는 고관(al wajir)이었으며 오늘날 총리에 버금가는, 왕 다음가는 권력자였다.

요셉은 그 고관의 특별한 보살핌을 받았다. 주인은 그의 아내 줄라이카에게 요셉을 잘 보살피도록 당부했다. 그리고 그가 성장하면 큰 인물이 될 것이며, 만일 아이를 가질 수 없을 경우에는 그를 양자로 삼자고 제의했다. 요셉은 고관의 집안 청소를 하다가 곡식 창고관리지기 일을 했다. 그 후에는 재산관리 같은 중요한 일까지 맡았다.

그는 최고의 미남으로 성장했고 모든 이집트 여성의 시선을 끌었다. 그를 돌봐준 고관의 부인도 여느 여성과 다를 바가 없었다. 그녀는 모든 수단을 써서 요셉에게 구애하며 유혹했다. 일곱 개의 방문을 잠근 후 그를 침대로 유인하자 요셉은 이 방 저 방으로 피해 다니며 자신을 길러주고 보호해준 주인에게 죄를 짓지 않도록 해달라고 기도했다.

실랑이를 하며 쫓기다가 문 쪽으로 달아나는 요셉의 등 쪽의 옷이 그녀의 손에 잡혀 찢어지고 말았다. 그때 방문을 열고 들어선 남편에게 현장이 목격되자 아내는 요셉이 자신을 강간하려고 했다고 둘러대면서 그에게 무거운 벌을 내려야 한다고 했다. 요셉은 그의 혐의를 부인(否認)하면서 고관의 부인(婦人)이 그를 유혹했다고 했다. 그러자 요람에 있던 부인의 외삼촌의 아들이 증인이 되어 이렇게 말했다.

"그의 옷 앞부분이 찢어졌다면 그녀의 말이 사실이고 그가 거짓말을 한 것입니다. 그러나 만일 그의 옷 뒷부분이 찢어졌다면 그녀의 말이 거짓이고 그의 말이 사실입니다."

요셉의 옷의 뒷부분이 찢어졌기 때문에 부인의 말이 거짓인 게 밝

혔지만 남편의 입장은 더 난처해졌다. 그녀와 결혼함으로써 명예와 높은 사회적 신분을 얻은 그가 아내의 부정을 세상에 알릴 수는 없었다. 고관은 요셉에게 이 사건을 비밀로 해달라고 부탁하고 동시에 부인에게는 요셉에게 잘못을 사과하라고 했다.

그러나 영원한 비밀은 없는 법이다. 고관의 부인이 요셉과 사랑에 빠졌다는 소문이 여자들의 입을 통해 도시 전체로 퍼져나갔다. 소문을 퍼뜨린 여성들은 고관의 집안에서 시중을 드는 하인들의 아내로 물을 길러 나르는 하인의 아내, 문지기 남편의 아내, 동물을 돌보는 하인의 아내, 빵을 굽는 하인의 아내 그리고 감옥을 지키는 하인의 아내 등이었다.

고관의 아내는 자신에 대해 험담하고 있는 여성들이 얄미웠다. 남성미가 넘쳐흐르는 요셉을 보고 사랑에 빠지지 않을 여인이 없을 것이며 자신을 험담하고 있는 여인들이 요셉을 본다면 자신보다 더할 것이라고 생각했다. 그래서 부인은 요셉에 대한 자신의 사랑이 부도덕한 마음에서 비롯된 것이 아니라 인간의 본능에서 비롯된 것이었다는 것을 입증하려고 했다.

부인은 요셉과의 스캔들을 험담했던 여인들과 고관의 아내들을 집으로 초대해 극진히 대접하고 후식으로 과일을 내놓았다. 각자에게 칼을 주어 과일을 깎도록 하면서 요셉을 그 여인들 앞으로 내보냈다. 그러자 초대받은 모든 여인들이 요셉에게 매혹되어버렸다. 그녀들은 과일을 깎는 것이 아니라 자신들의 손가락을 자르고 있으면서도 아픔도 잊은 채 숨을 죽이고 정신이 나간 듯 요셉만을 쳐다보고 있었던 것이다.

『꾸란』이 말하는 천국의 미녀, 후르아인

"열 여자 마다하는 남자 없다"는 말이 있다. 아름다움을 좋아하고 선호하는 것은 모든 인간의 본능이며 미모의 여성을 좋아하는 것은 남자의 공통점이다. 하물며 창조주 알라도 스스로를 아름다운 존재로 표현했고 그러므로 아름다운 것을 좋아한다고 했다. 이와 관련해 예언자 무함마드가 남긴 말이 있다.

알라는 아름다움 그 자체이므로
알라께서도 아름다운 것을 좋아하십니다.
(innallah jamil yuhibul jamal)

이 표현은 아름다운 여인에게 무슬림 지식층이 즐겨 사용하는 문구다. 알라께서도 아름다운 것을 좋아하시는데 인간이 아름다운 여인을 보고 아름다움을 느끼지 못한다면 알라의 아름다움을 깨닫지 못한 자라는 뜻이다.

남성이 미모의 여성을 선호한다는 증거는 카인으로부터 나온다. 아담과 하와가 카인에게 자신과 함께 태어난 여동생이 아닌 아벨과 함께 태어난 여동생과 결혼시키려 하자 끝내 거부한 사건을 떠올려보라. 카인이 자신과 함께 태어난 여동생과 결혼하려고 한 이유는 그녀가 아름다웠기 때문이다.

카인을 보고 용기를 얻어서인지 무슬림 남성들은 미모의 여성을 좋아하는 것을 부끄러워하지 않는다. 그런데 『꾸란』을 통한 알라의 말씀과 예언자 무함마드의 가르침에 따라 무슬림 남성이 좋아할 첫 번째 여자는 알라를 믿는 여성이다. 무신론자, 즉 창조주를 믿지 않는 여인과는 결혼하지 말라고 했으며 그녀와 결혼하면 지옥에 간다고 했기 때문이다.

이러한 이유로 무슬림 남성은 결혼 대상자로 먼저 무슬림 여성을 찾는다. 『꾸란』은 무슬림 여성을 찾지 못했을 때는 여성이 이슬람교로 개종하도록 설득한다. 그렇지 못할 경우 기독교나 유대교를 믿는 여자를 신부로 맞으라고 한다. 유대교와 기독교와 이슬람교는 동일한 창조주를 믿기 때문이다. 여성의 믿음, 재물, 가문, 그리고 신분, 사회적 지위 중에서 믿음을 가진 여인이 최선이며 그녀와의 결혼을 통해 천국이 보장된다는 것이 『꾸란』의 계시와 예언자 무함마드의 가르침이다.

짧은 치마를 입는 여성을 피하고 노출이 심한 여성일수록 멀리하라고 했다. 허용된 사람 외에 살결이 훤히 들여다보이는 얇은 옷을 걸친 여인은 더 멀리하라고 했다. 이러한 여성은 바람기가 있어 유혹과 간음의 원인이 되어 천국에 가는 길을 방해하거나 막는다. 남이 보는 앞에서 옷을 벗는 대중목욕탕이나 남녀가 함께 어울릴 수밖에 없는 수영장을 이슬람세계에서 쉽게 찾아볼 수 없는 이유다.

이러한 문화 때문에 무슬림 여성의 경우는 말할 것도 없지만 눈과 눈이 마주쳤을 때 남자 무슬림도 시선을 아래로 내리는 경향이 있다. 여성과의 눈맞춤을 피하는 무슬림 남성에 대해 서구의 시각에서 본다면 여성을 무시하는 행위라고 생각할 수 있겠지만 무슬림의 입장에서는 그것이 여성을 존중하고 서로의 순결을 지켜주는 이슬람의 에티켓이다.

『꾸란』은 무슬림 남성이 가장 좋아할 여성을 '후르아인'(hur ain)이라고 한다. 예언자의 아내 움무 살마가 물었다.

"후르아인을 어디에 비유할 수 있지요?"

그러자 예언자가 대답했다.

"그것은 아무도 쳐다보지 않고 손대지 않는 굴속에 잘 보관된 진주와 같은 것이지요."

'후르'(hur)는 눈이 크고 눈동자가 새까만 것, '아인'(ain)은 눈이란 뜻으로 후르아인은 큰 눈에 새까만 눈동자를 가진 순결하고 정숙하며 특출하게 아름다운 처녀를 가리킨다.

후르아인은 생리도 하지 않고 불결한 소변이나 대변도 보지 않으며 침이나 가래 같은 것도 없다. 그런데 알라를 믿는 현세의 여인들은 부활의 날 후르아인보다 더 아름다운 모습으로 변한다고 『꾸란』은 언급하고 있다.

후르아인은 천국에서 만날 수 있는 상상 속의 여인이지만 현세의 현모양처와 미인의 기준이 된다. 아라비아 반도를 중심으로 한 순수 아랍 여성은 대다수가 눈이 크고 까만 눈동자에 이목구비가 뚜렷하다. 한국 여성의 눈이 초승달 모양이라면 아랍 여성의 눈은 보름달 같다. 월드미스대회에서 경쟁력이 있는 조건이다. 그런데 무슬림 여성의 미스월드대회 참여는 현실적으로 거의 불가능하다. 노출이 많은 서구식 미인대회의 조건은 가능한 노출을 피해야 하는 이슬람문화의 미인의 조건과 상충되기 때문이다.

도전하면 열매가 맺힌다―『꾸란』이 만들어준 기회

1970년대 후반, 오일 달러에 눈을 돌린 한국 건설업체가 대거 중동으로 진출하면서 사우디아라비아 곳곳에서 한국인을 쉽게 볼 수 있었다. 이곳에 진출한 한국인들이 이슬람에 관심을 가지기 시작한 시기이기도 했다. 한국인들의 이슬람에 대한 관심은 사우디아라비아 정부와 한 실업가가 한국인에 대한 관심을 갖는 계기를 만들었다.

지금은 달라(Dala)라는 이름으로 바뀐, 당시 아브코-달라라는, 사우디아라비아 대기업의 부사장이었던 압둘라 우마르 카멜이 이슬람에 대한 한국인들의 관심에 부응하기 위해 당시 제다에 있던 한국대사관에서 그리 멀지 않은 곳에 이슬람문화원을 열고 한국인을 상대로 한 아랍어와 이슬람문화 교육에 많은 투자를 했다. 그는 직접 강의를 맡기도 하는 등 한국인 수강생들과 이슬람에 관한 자유토론을 하기도 했다. 한국인들이 그에게 제출한 100가지 질문서와 그에 대한 답변을 들여다보면 당시 이슬람에 대한 한국인들의 지식과 사우디아라비아 사람들의 한국인에 대한 관심이 어느 정도였는가를 엿볼 수 있다.

그 가운데 첫 번째 질문은 다음과 같았다.

"이슬람은 무함마드의 종교이며 아랍인이 믿는 종교로 알고 있는데 사실인가요?"

일흔여섯 번째 질문이다.

"우리는 『꾸란』이 아랍어로 씌어 있어 그 뜻을 전혀 알 수 없습니다. 한국어로 번역되어 있는 『성경』처럼 『꾸란』이 번역되면 좋겠습니다. 어떻게 생각하는지요?"

　이와 같은 한국인들의『꾸란』과 이슬람에 대한 관심이 그로 하여 금『꾸란』의 한국어 번역에 관심을 갖게 했다. 이 시기에 내가『꾸란』을 암기할 목적으로 독서카드에 대강의 뜻을 한글로 옮기고 있다는 소식이 우연히 그분에게 전해지게 되었고 그는 자신의 집으로 나를 초청했다. 내가 본 그의 첫 인상은 어느 성인의 초상화에서도 찾아볼 수 없는 인자한 모습이었다. 온달 같은 얼굴에 잘 다듬어진 수염, 온화한 성품에 자연스러운 미소, 어느 한 곳에서도 사업가라는 인상을 발견할 수 없었다.

　그로부터 받은 대접은 마치『아라비안나이트』(*alf lailah wa lailah*)에 나오는 일화의 장면 같기도 했다. 그는 한국의 이슬람에 관심을 보이면서 나와『꾸란』에 관련해 들은 이야기를 꺼냈다. 질문에 사실 그대로 대답했다. 그는 진지하게 내 이야기를 듣더니 아직 옮기지 못한 부분을 끝 부분까지 마치라고 하면서 한국어『꾸란』번역 지원을 약속했다.

　그의 후원으로 내 독서카드에 적혀 있던 한국어『꾸란』이 1984～85년에 걸쳐 이슬람문화원에서『꾸란 해설』이란 이름으로 발간되었다. 사우디아라비아 전역에 전화가설 공사를 하고 있던 D사를 비롯한 몇몇 한국회사의 임직원과 근로자들이 메카와 메디나 성지공사를 위해 이슬람교로 개종하면서『꾸란』과 이슬람에 대한 한국인들의 관심은 날로 증가하고 있었다. 카멜 부사장은 이를 메카에 본부를 두고 있는 전세계이슬람총연맹에 보고하고 사우디아라비아 정부에도 알렸다. 이에 따라 전세계이슬람총연맹은 파하드 사우디아

이슬람國 정상에 코란전자책 선물
김대통령 '아세안+3' 회의서

김대중(金大中) 대통령이 '아세안+3 정상회의'에 참석한 이슬람 국가 정상들에게 '코란 전자책'을 선물했다. 하사날 볼키아 브루나이 국왕과 메가와티 수카르노푸트리 인도네시아 대통령, 마하티르 빈 모하메드 말레이시아 총리 등 3명이 책을 받았다.

코란 경전을 멀티미디어 전자 단말기에 수록한 코란 전자책은 우리 벤처기업 IMEX(사장 엄장수)가 세계 최초로 개발한 것이다. 예언자 모하메드의 언행록과 성지 순례 절차 등 모두 86페이지를 아랍어 자막과 음성 낭송으로 입력했으며, 33시간 분량으로 영어 번역문이 첨부됐다.

코란 문양과 글자체는 이슬람 종주국인 사우디의 종교성(省) 산하 코란 출판청이 사용하는 원본을 사용했다. 사우디의 유명한 이맘(예배 인도자)인 압둘 라흐만이 낭송했다. 청와대 정태익(鄭泰翼) 외교안보수석은 "이슬람문화에 대한 관심과 배려를 보여주고 13억 이슬람권 시장에 우리 IT산업의 우수성을 홍보하기 위한 것"이라고 말했다. 테러에는 반대하지만 이슬람 국가와의 우호관계를 계속하겠다는 김대통령의 메시지도 담겨 있다.

반다르 세리 베가완 / 김봉선기자
bskim@kyunghyang.com

세계 최초로 『꾸란』 전자책을 개발한 업체에 관한 『경향신문』 기사. 한국의 IT산업 경쟁력은 세계최고수준이다. 콘텐츠만 있다면 뛰어난 실적을 거둘 수 있다. 이슬람에 대한 관심은 IT 업체에 새로운 아이디어와 기회를 제공해줄 것이다.

라비아 국왕이 설립한 파하드 국왕 꾸란출판청에 한국어 판『꾸란』 출간을 지시했고 1997년에는 이슬람문화원 출간『꾸란 해설』이 파하드 국왕『꾸란』출판청에서『성 꾸란 의미의 한국어 번역』이란 이름으로 출간되었다. 이슬람에 대해 아무것도 몰랐던 내가『꾸란』까지 번역하게 된 것이다.

『꾸란』과의 인연은 국내 IT 산업과도 이어졌다. 한 걸음 더 나아가 모바일 문화콘텐츠로까지 부가가치가 확장되고 이슬람세계에 한국 IT 산업의 발전에 대한 홍보와 수출 효과까지 창출했다. 예언자 무함마드의 언행록과 성지순례 절차 등 모두 866쪽 분량에『꾸란』아랍어 자막과 33시간 음성 낭송을 입력한『꾸란』전자책이 '정신 나간 교수'와의 협력으로 국내 벤처기업에 의해 세계 최초로 개발된 것이다.

브루나이에서 열린 아세안—한국 정상회의에 참석한 김대중 대통령은 이 회의에 참석한 이슬람국가 정상들에게 이『꾸란』전자책을 선물했다. 하사날 볼키아 브루나이 국왕과 메가와티 수카르노푸트리 인도네시아 대통령, 마하티르 빈 무함마드 말레이시아 총리가 그들이다. 이것은 전 세계 16억 무슬림들에게 한국의 IT 산업의 우수성을 홍보하는 좋은 계기가 되었다고 했다. 최근에는 국내 L모바일 회사와 협력하여 역시 전 세계 최초로『꾸란』을 포함한 일곱 가지 이슬람 콘텐츠가 들어간 모바일 기기를 출시함으로써 전 세계 16억 무슬림시장과 아랍어를 공부하는 비무슬림 시장에서까지 좋은 반응과 호평을 받고 있다.

나는『꾸란』을 끝까지 암기하지는 못했다. 비록『꾸란』이라는 나무에 끝까지 오르지는 못했지만 그 나무에서 떨어진 열매를 맛볼 수는 있었다. 최초로 아랍어 『꾸란』원문이 한국어로 번역되어 출간되는 계기가 되고 아랍인과 무슬림의 정신문화가 흘러나오는 원천이 어디에 있는가를 알게 되었다. 노래의 가사를 암기했을 때 리듬에 맞추어 노래를 부를 수 있는 것처럼 그들의 정서에서 흘러나오는 리듬에 맞추어 노래하고 어울릴 수 있는 분위기를 만들어주었다. 내게 시련을 주었던 『꾸란』이 세계 최초의 『꾸란』 전자책과 세계 최초의 『꾸란』 모바일이 나오는 데 일조를 하게 해준 것이다.

"내가 그 나무의 열매를 먹지 말라 일렀고
사탄은 너희의 적이라고 분명히 말하지 않았더냐?"
아담과 하와는 변명하지 않고 즉시 자신들의 잘못을 인정했다.
그리고 용서를 빌고 선처를 구했다.
"주여! 저희가 잘못했습니다.
저희를 용서하시고 저희에게 자비를 베풀어주소서."
그들은 약속을 깜빡 잊고 실수를 했을 뿐이지
일부러 약속을 깨뜨린 것이 아니라고 했다.
그러자 알라도 그들이 망각 때문에 실수한 것이라고 했다.
"그가 그 약속을 잊었을 뿐
고의로 약속을 깨뜨린 것이 아님을 내가 아느니라."
그러고는 아담의 실수를 용서하고
그에게 알라를 대신한 대리자(khaliifa) 자격까지 부여했다.

아담은 금요일에 창조되었다

'나'라는 존재는 어디서 왔는가? 이 철학적 질문에 답을 주는 것은 종교다. 특히 기독교와 이슬람교는 인간의 기원에 대해 비슷한 설명을 하고 있다. 『성경』과 『꾸란』은 최초의 인간을 아담 그리고 두 번째 인간을 하와라고 언급한다. 그러나 『성경』과 『꾸란』의 내용은 조금 다르다. 우리에게 익숙한 『성경』과는 달리 『꾸란』에 나오는 인간에 대한 기원은 다음과 같다.

금요일, 알라께서 흙으로 사람의 형상을 만들어 말린 다음 그 안에 생명을 불어넣자 그가 눈을 뜨고 그의 귀가 들렸으며 심장이 뛰기 시작했다. 알라는 만물 가운데 인간을 가장 아름답게 만들었다. 예언자 무함마드는 금요일은 태양이 떠오른 날이요, 이날 아담과 하와가 땅으로 내려왔고, 다시 그곳으로 가는 날이라고 말한다. 이처럼 금요일은 위대한 날이므로 이슬람의 공휴일이 되었다. 유대교에서 토요일을 안식일로 삼고 기독교에서 일요일을 공휴일로 삼은 것과는 사뭇 다르다.

인종에 따라 피부색이 다른 이유도 설명되고 있다. 알라는 천사들을 땅으로 내려 보내 빨강, 검정, 하양 3원색의 흙을 가져오게 해 배합한 후 인간을 만들었다. 이러한 이유로 사람의 피부색깔이 여러 가지로 나타나게 된다. 그래서 아프리카의 흑인은 피부가 검고 유럽의 백인은 피부가 하얗고 동양의 황인은 약간 불그스레한 피부색을 가지고 태어난다.

아랍어로 '아담'은 '지구표면' 또는 '지구표면의 흙'이라는 뜻이다. 알라가 아담을 흙으로 빚었기 때문에 최초의 인간을 '아담'이라

명명한 것이다. 흙을 달이나 화성 같은 다른 행성에서 가져오지 않고 땅에서 가져온 이유는 인간이 지구를 관리하고 다스릴 알라의 대리자이기 때문이다. 지구의 환경에 적응하기 위해서는 지구의 흙으로 인간을 빚는 것이 가장 이상적이기 때문이다.

모든 인간은 납스 와히다(nafs wahidah)에서 비롯되었다고 『꾸란』은 언급하고 있다. 아담은 원래 양성(兩性)이었으나 알라가 그로부터 여자를 분리해 남자와 여자를 따로 두고 둘이 결합해 많은 자손을 두게 했다는 것이다. 모든 아랍어 명사는 남성과 여성으로 분류된다. '납스'(nafs)는 남성 명사이고 '와히다'(wahidah)는 여성 명사다. 이것이 바로 최초의 인간은 양성을 가진 상태로 창조되었다는 것을 입증한다.

알라가 여성을 만드는 과정은 『성경』과 비슷하다. 알라가 아담을 잠들게 하고 그의 왼쪽 가슴에 있는 갈비뼈 하나를 뽑아 여자를 만들었다. 아담이 잠에서 깨어났을 때 그의 마음을 끄는 아름다운 한 여자가 옆에 있는 것을 보고 아담이 물었다.

"내가 잠들기 전에는 아무도 없었는데!"

"맞습니다."

"그렇다면 당신은 내가 잠들어 있는 동안에 와 있었습니까?"

"예, 그렇습니다."

"어디서 왔습니까?"

"당신으로부터 왔어요. 알라께서 당신이 잠들어 있는 동안
당신의 가슴뼈 하나를 들어내 저를 만들었어요.

이제 당신이 깨어났으니 저를 당신의 품안으로
끌어안아 주지 않겠습니까?"
"알라께서 왜 당신을 창조했습니까?"
"당신과 동침해 자손을 두고 그 자손들로 하여금
당신의 대를 이어가면서 알라께서 내리신 임무를 수행하기
위해서입니다."

이 말을 듣고 아담은 외롭게 지내고 있던 자신에게 여자를 보내준
알라께 감사하면서 그 여자를 하와라고 불렀다. 아담 자신은 생명이
없는 흙에서 창조됐지만 여자는 몸에 있는 살아 있는 세포로 만들어
졌기 때문에 그녀를 '살아 있는 존재'라는 뜻을 가진 '하와'로 이름
지은 것이다. '아담'이란 이름은 알라가 직접 지었고 '하와'란 이름
은 남자가 지은 셈이다. 남자가 임신을 못 하는 것은 생명이 없는 흙
에서 만들어졌기 때문이고 여자가 새로운 생명을 잉태하고 낳을 수
있는 이유는 '살아 있는 세포'로 만들어졌기 때문이다.

이블리스의 유혹

알라는 아담과 하와에게 신혼여행지로 잔나(zannah)라 불리는
천국을 소개하면서 지구로 내려갈 때까지 그곳을 자유롭게 여행하
며 즐기되 어떤 나무를 조심하라고 했다. 그 나무에 접근하면 위험
할 것이라는 충고도 했다. 그뿐만 아니라 만일 그 나무의 열매를 맛
보게 되면 알라의 말씀을 위반하는 것이라는 경고도 했다. 그 나무
의 열매는 사과라는 말도 있고 바나나라는 소문도 있고 무화과라는

이야기도 있다.

알라는 아담에게 엎드려 절(sajdah)하며 경의를 표하도록 천사들에게 명했다. 그러자 천사들이 모두 그렇게 했다. 그런데 이블리스만은 그렇게 하지 않았다. 그러자 알라가 그에게 물었다.

"너는 왜 절을 하지 않느냐?"
이블리스가 대답했다.
"제가 그보다 더 훌륭합니다. 당신께서는 그를
흙으로 빚으셨으나 저는 불로 만드셨습니다."

보잘것없고 하찮은 흙으로 만들어진 인간에게 불로 만들어진 그가 아담에게 절을 할 수는 없다는 것이었다.

알라는 아담에게 천국에 있는 모든 사물의 이름을 가르쳤다. 각 사물이 갖고 있는 기능과 역할은 물론 지구에 내려가 발견할 각 사물에 이름을 짓는 방법도 가르쳐주었다고 예언자 무함마드는 말했다.

심판의 날 신자들은 아담을 찾아가 이렇게 말할 것입니다.
당신은 인류의 시조입니다. 알라께서 직접 당신을 만드시고
천사들로 하여금 당신에게 절하게 했으며
모든 사물의 명칭을 가르쳐주셨습니다.

알라가 지구를 만들자 천사들이 물었다.
"알라여, 저 지구는 누구로 하여금 다스리도록 할 것입니까?"

알라께서 대답했다.

"저 지구는 아담과 그의 자손들로 하여금

다스리게 할 것이니라."

그러자 천사들이 불만을 털어놓았다.

"천사들은 거역할 줄 몰라서 알라께서 시키는 대로

명령에 복종할 것입니다. 그러나 인간은 그렇지 않을 것입니다.

알라의 뜻을 거역하는 자도 있을 것이고 피를 흘리게 하고

사람을 죽이는 자도 있을 것입니다.

그러니 저희를 지구로 보내는 것이 어떠하겠습니까?"

그러자 알라께서 말했다.

"너희 천사들은 나의 뜻을 모르고 있느니라.

너희 또한 아담보다 아는 것이 많지 않느니라.

만일 너희가 아담보다 아는 것이 있다면 사물들의

이름과 기능과 역할을 말해보라."

천사들은 대답할 수 없었다. 알라가 가르쳐주지 않았기

때문이다. 천사들이 말했다.

"당신께서 가르쳐 주신 것 외에는 아무것도 모르겠습니다."

천사들이 모르겠다고 대답하자 모르면 아담에게서 배우라고

알라께서 말했다.

"아담아, 천사들에게 사물들의 명칭과 기능과 역할을

가르쳐주어라."

그제야 천사들은 왜 아담에게 먼저 인사하고

왜 천사들이 아닌 아담을 지구로 보내는지를 깨달았다.

아담과 하와는 죄지은 사람이 들어갈 수 없는 천국에서
오랫동안 행복하게 살았다. 그런데 어느 날 이블리스가
나이 든 아담과 하와에게 다가와 좋은 약이 있다고 유혹했다.
그것을 먹으면 늙지도 않고 죽지도 않는 불로불사의 약이라고
아담과 하와를 꼬인 것이다. 그것은 바로 알라께서 먹지 말라고
금기한 나무 열매였다. 그것을 맛보면 멸망하지 않는
천국으로 안내를 받는다고 속삭였다. 그 열매의 씨는
버터보다 더 부드럽고 꿀보다 더 달콤하다고 했다.
이블리스가 말했다.

"아담이여, 내가 당신을 멸망하지 않는 왕국으로
안내해 주겠소."

그러자 아담이 물었다.

"왜 그렇게 좋은 것을 알라께서는 먹지 말라고 했지요?"

이블리스가 대답했다.

"천사가 되지 못하게 하고 영원히 살지 못하도록 하기
위해서지요."

이처럼 이블리스는 인간을 천사보다 높이 둔 알라에게 대항했다.
그러자 알라는 아담에게 이블리스를 조심하라고 일렀다.
그는 아담과 하와의 적으로 두 사람을 유혹해 천국에서
내쫓아 불행하게 만들려는 술책이라고 말했다.

"아담아 그는 너와 하와의 적이라.
그가 너희를 천국에서 나가게 해 너희를 불행하게
만들려고 하는 짓이니라."

열매를 딴 것은 아담이다

아담은 이미 오래전에 그 나무에 접근하지 않겠다고 알라에게 약속했다. 그런데 오랜 세월이 흐르면서 아담은 그만 약속을 잊고 그 나무에 올라가 열매를 따서 맛보고 하와에게도 주었다. 아담은 조급한 성질을 가지고 창조되었다. 혼이 그의 눈에 들어가자 천국의 과일들을 보게 되었고 혼이 그의 위 속으로 들어가자 먹고 싶어져 그는 그의 두 다리에 혼이 들어가기도 전에 천국의 과일을 향해 뛰어올랐다는 것이다. 아담이 먼저 열매를 맛보았다는 이야기는 하와가 먼저 맛을 보았다는『성경』과 대조를 이룬다.

『성경』은 하와가 먼저 맛을 보고 아담에게 주어 신의 말씀을 어긴 책임을 여성에게 책임을 돌린다. 그런데 예언자 무함마드는『성경』과는 반대로『꾸란』에서 이블리스가 아담을 유혹한 것으로 보아 아담이 먼저 열매를 따서 먹어보고 하와에게 주었다고 하면서 남자에게 책임을 돌렸다.『꾸란』에는 "사탄이 아담을 유혹했다"고 기록되어 있다.

또한 알라가 아담에게만 나무의 열매를 맛보지 말라는 약속을 받았기 때문에 하와에게 책임을 물어서는 안 된다고 했다. 게다가『꾸란』에서는 아담과 하와가 열매를 같이 먹었다고 하지만 여자가 먼저 먹었다는 근거가 없다. 또한 그 나무는 너무나 크고 높이 있어서 여자가 올라가 열매를 따기가 어려웠을 것이라고 한다. 즉 열매를 먹은 행위는 아담의 책임이라는 것이다.

열매를 먹는 순간 아담과 하와는 서로가 벌거벗은 나체의 모습으로 있다는 것을 발견하고는 부끄러워 어쩔 줄 모르다가 천국의 나뭇잎으로 부끄러운 곳을 가렸다. 그리고 알라와의 약속을 위반한 사실을 깨닫고 크게 당황했다. 이 모습을 지켜본 알라께서 그들을 야단쳤다.

내가 그 나무의 열매를 먹지 말라 일렀고
사탄은 너희의 적이라고 분명히 말하지 않았더냐?

아담과 하와는 변명하지 않고 즉시 자신들의 잘못을 인정했다. 그러고는 용서를 빌고 선처를 구했다.

주여! 저희가 잘못했습니다.
저희를 용서하시고 저희에게 자비를 베풀어주소서.

그들은 약속을 깜빡 잊고 실수를 했을 뿐이지 일부러 약속을 깨뜨린 것이 아니라고 했다. 그러자 알라도 그들이 망각 때문에 실수한 것이라고 했다.

그가 그 약속을 잊었을 뿐
고의로 약속을 깨뜨린 것이 아님을 내가 아느니라.

그러고는 아담의 실수를 용서하고 그에게 알라를 대신한 대리자 (khaliifa) 자격까지 부여했다.

나는 너를 용서하고 나를 대신해서 지구를 다스리고
관리할 칼리파로서 너를 선택하노라.

『성경』에서는 아담과 하와가 알라께서 금하신 선악과를 뱀의 유혹으로 인해 먹게 되었다고 했다.

여호와 하나님이 그 사람에게 명해 가라사대
동산 각종 나무의 실과는 네가 임의로 먹되
선악을 알게 하는 나무의 실과는 먹지 말라.

예언자 무함마드는 『성경』에서 말하는 선악과에 대해 반론을 제기했다. 천국은 선한 것만 있는 곳이어서 악을 알게 하는 과실은 없다. 그러므로 아담이 맛본 것은 악의 과일이 아니기 때문에 그 과일이 죄를 짓게 한 원인은 아니라고 주장했다.
또한 『성경』은 하나님이 그 나무의 실과를 먹으면 죽는다고 말했다고 기록되어 있다.

선악을 알게 하는 나무의 실과는 먹지 말라.
네가 먹는 날에는 정녕 죽으리라 하시니라.
(창세기 제2장 제17절)

이에 대한 예언자 무함마드의 견해도 『성경』과 달랐다. 천국은 죽지 아니하고 영원히 사는 곳이요 그래서 그곳에 사는 사람은 죽지 않고 영원히 살기 때문에 아담도 그와 마찬가지라고 했다. 그 실과를 먹은 것이 죄가 되고 그 죄로 아담이 죽게 되었다는 것을 부정하는 것이다.

『성경』은 뱀이 하와를 유혹하고 뱀의 유혹에 넘어간 하와가 아담을 꼬여 선악과를 먹게 함으로써 아담이 죄를 짓게 되고 그로 인해 천국에서 추방당했다고 한다. 이에 대해서도 무함마드는 반론을 제기한다. 아담과 하와가 지구로 오게 된 것은 죄가 원인이 되어 추방당한 것이 아니라고 주장하면서 이에 대한 증거를 제시했다. 아담이 창조될 때 죄의 구속을 받지 않았고 창조된 후에도 나무의 열매를 맛보기 전까지는 아담과 하와에게 죄가 없었다. 죄가 없으니 쫓겨날 이유가 없다는 것이다.

아담과 하와는 왜 지구에 왔을까?

아담이 이 땅으로 오게 된 것은 절대적으로 알라의 뜻과 계획이 있었기 때문이다. 알라께서 아담을 지구로 보낼 계획을 두었기 때문에 아담을 만들 흙을 지구에서 가져왔다는 것, 그리고 누가 지구를 다스릴 것인가를 질문하자 아담을 대리자로 보내겠다고 한 것이 그 증거다. 예언자 무함마드는 이를 근거로 아담이 선악과를 먹고 죄를 지어 쫓겨났다는 『성경』의 주장에 반론을 제기하고 있다.

예언자 무함마드는 아담이 알라의 대리자로 지구에 도착해 자연을 보고 감탄해 한 말을 또 다른 증거로 제시하고 있다.

이 땅은 푸르고 아름답습니다.

116

알라께서는 그곳에 당신의 대리자를 두시고

이 땅에서 어떻게 처신하는지 감시하고 계십니다.

그러므로 이 세상의 유혹과 여성의 매력을 조심하시오.

이스라엘 자손이 겪었던 첫 번째 시련이

바로 여성 때문이었지요.

아담과 하와가 천국을 떠나 지구로 올 때는 본래의 모습대로 오지 못하고 변태된 모습으로 왔다고 했다. 천국의 환경과 지구의 환경이 다르기 때문에 지구의 환경에 적응할 수 있는 상태와 모습으로 변했다는 것이다. 마치 암스트롱이 달에 갔을 때 우주복을 입고 갔던 것처럼 말이다.

지구로 내려오기 전에 아담은 첫 번째 하늘에 있었고 그가 땅에 첫발을 내린 곳은 지금의 메카에 있는 카으바(Kaʿbah) 신전 자리였다. 그곳에 도착한 아담은 이 땅에 무사히 도착했다는 감사의 기도를 올리고 그 자리에 돌로 표식을 해두고 자손들로 하여금 그곳을 찾아가 알라께 감사의 기도를 드리도록 했다. 그리고 하와가 도착한 곳은 메카에서 가까운 홍해 부근이었다. 아담은 천사 가브리엘의 안내를 받아 메카 부근에서 하와가 있는 곳을 알게 되었는데 그 후로 이 지역은 ‘아라파트’(arafat)란 이름으로 불리게 되었다. ‘서로 알게 된 곳’이라는 뜻이다.

아담과 하와는 이 동산에서 첫날밤을 보냈는데 이러한 이유로 메카를 찾는 순례자들은 순례, 즉 하지 기간 중에 이 지역을 찾아가 아담과 하와가 그랬듯이 하룻밤을 지새우는 의식을 갖는다. 순례는 바

아담과 하와가 첫날밤을 보냈다는 아라파트에 찾아든 순례자들.

로 아라파트에서 체류하는 것이라고 예언자 무함마드가 강조함으로써 순례자가 이 지역을 찾는 것은 하지의 네 가지 필수조건 가운데 하나가 되었다.

하와가 죽어 묻힌 곳은 사우디아라비아 홍해 주변이다. 오늘날의 '제다'(Jaddah)가 바로 그곳인데 제다는 서구식 발음으로 변형된 것이며, 제다의 본래 발음은 '잗다툰'(jaddatun)이다. 잗다툰은 아랍어로 '할머니'란 뜻인데 할머니 하와가 묻힌 이후로 이 지역을 할머니 도시, 즉 잗다툰으로 부르게 된 것이다. 이곳에 있는 하와의 무덤을 오늘날까지 사우디아라비아 정부가 관리하고 있다.

한편 아담에게 절하지 않고 잘난 척하며 거만을 피웠던 이블리스는 어떻게 되었을까. 아담은 나무의 열매를 맛보지 않겠다는 약속을

118

잘 지켜오다가 오랜 세월이 흐르면서 알라와 했던 약속을 잊어버려 실수를 했을 뿐, 이블리스처럼 알라의 명령을 일부러 거스른 것은 아니다. 그래서 알라는 아담과 하와에게 예정대로 지구로 내려가 주어진 임무를 수행하라고 했지만, 이블리스에게는 저주를 내려 그를 추방해버렸다.

    너는 이곳에서 나가라.
    실로 너는 비천한 자로 저주받은 자이니라.

    그리고 아담에게는 이블리스가 인간의 적이 될 것이니 항상 그를 조심하라고 하면서 만일 그를 따르는 아담의 자손은 누구를 막론하고 지옥에 간다고 했다.

    너희는 서로가 서로에게 적이 될 것이라.
    나는 너와 너를 추종하는 자 모두를
    지옥에서 영주하는 자들로 만들 것이라.

카인과 아벨의 신부 쟁탈전

    알라는 인간에게 세 가지 선물을 주었다. 그중에서도 가장 큰 선물은 이 땅, 곧 지구였고 두 번째는 책들이다. 그 책이 바로 『자부르』(*jabur*: 시편)와 『토라』(*taurah*: 『구약성경』), 『인질』(*injil*: 『신약성경』), 『꾸란』(*quran*)이다. 이 책들을 읽고 교훈을 받아들여 실천하는 사람은 두려움도 슬픔도 없을 것이라고 했다.

내려가라. 내가 너희에게 책들을 보낼 것이니

그 책들을 읽고 따르는 자에게는

두려움도 없고 슬픔도 없을 것이니라.

세 번째 선물은 그 책들을 가르치고 교훈을 줄 여러 예언자(nabi)와 사도(rasul)를 보낸 것이다. 노아를 비롯해 아브라함, 이스마엘, 이삭, 야곱, 모세, 예수, 그리고 무함마드를 스승으로 보내 인간으로 하여금 본받고 따르도록 했다.

알라는 추방당한 이블리스와 그를 따르는 자는 모두 지옥으로 보내고 선물로 받은 땅과 자연을 잘 보존하고, 책들을 읽어 교훈을 얻으며, 스승들의 가르침과 말씀을 잘 따르는 자는 모두 천국으로 보낼 것이라고 약속했다. 무함마드는 이러한 증거들만 보아도 추방을 당한 것은 이블리스이지 아담이 아니라는 것이 명백하지 않느냐고 묻는다.

아담과 하와는 땅으로 내려와 땅을 일구고 살면서 여러 자손을 두었다. 하와가 출산한 아기들은 모두가 남녀 쌍둥이로 태어났다. 여러 자식 중에 카인과 아벨이 있었다. 그런데 두 아들이 결혼할 나이가 되자 그 부모인 아담과 하와는 신부를 결정하는데 어려움을 겪었다. 그래서 형 카인을 아우 아벨과 함께 태어난 여동생에게 장가를 들게 하고 아우 아벨은 형 카인과 함께 태어난 누나에게 장가를 보내기로 했다. 부모는 그 뜻을 카인과 아벨에게 말했다. 아벨은 부모의 뜻에 따르겠다고 했지만 카인은 부모의 뜻을 거역하며 자신과 함께 태어난 여동생과 결혼하겠다고 고집을 피웠다.

아담과 하와는 당황스러워하며 알라께 이 문제를 해결해달라고 기도했다. 당시 카인은 농장의 주인이었고 아벨은 목장의 주인이었다. 알라는 카인과 아벨로 하여금 각자가 수확하고 얻은 것을 제단에 바치도록 했다. 아벨은 정성을 다해 그가 기른 양들 중에서 가장 좋은 것을 제단에 바쳤고, 카인은 정성도 들이지 않고 좋지 않은 곡식을 바쳤다. 당연히 정성을 들여 제단에 바친 아벨의 양이 번제물로 받아들여졌다. 그래서 아담과 하와는 본래 뜻대로 결혼을 시키려고 했다. 그런데 카인은 부모뿐 아니라 알라의 뜻도 받아들이지 않았다. 그는 아벨 때문에 자신의 여동생과 결혼할 수 없게 되었다고 생각하고는 동생 아벨을 죽이고 말았다.

사람의 시체를 처음 본 카인은 어찌할 바를 모르고 방황했다. 그러자 알라는 두 마리의 까마귀를 보내 싸우게 한 다음 한 마리가 죽자 살아남은 까마귀로 하여금 양 발톱으로 땅을 파 죽은 까마귀를 묻게 했다. 사람이 죽으면 땅을 파고 묻으라는 알라의 가르침이었다. 이것이 무덤의 기원이다.

원죄는 없다!

아담은 이 땅에서 주어진 임무를 마치고 천국으로 돌아가 지금은 첫 번째 하늘에 있다고 한다. 알라께서 땅으로부터 가져온 흙으로 아담을 만들어 땅으로 보내고 땅에서 임무를 마치면 그가 태어나 살았던 천국으로 보낸다고 했기 때문이다.

그곳으로부터 너를 창조해 그곳으로 너를 돌려보내고

그곳으로부터 너를 부활하게 할 것이니라.

『성경』은 인간이 천국으로 갈 수 있는 방법으로 오직 한 가지 길밖에 없다고 했다. 아담과 하와가 지은 원죄로 인해 모든 인간은 죄인으로 태어난다고 했다. 그래서 모든 죄인을 구원하기 위해 예수가 오셨고 이 때문에 예수를 믿지 않고는 천국에 갈 수 없다고 했다.

예언자 무함마드는 이렇게 반론한다. 인간이 죄를 짓는 이유는 환경 때문으로 그중 첫째는 가정이고 둘째는 사회라고 했다. 아담에게 묻은 때(죄)는 환경 때문이라는 것이다. 그러므로 아담의 자손, 즉 모든 인간은 『성경』에서 말하는 원죄설(原罪說)과는 무관하고 선천적으로 착하게 태어난다는 원선설(原善說)을 주장하고 있다.

『꾸란』에 따르면 아담은 죄를 가지고 태어나지 않았다. 그리고 죄인이 들어갈 수 없는 천국에서 창조되었으므로 아담과 하와가 죄의 구속을 받지 않았다. 또한 아담이 창조되었을 때 알라는 천사들로 하여금 아담에게 엎드려 경의를 표하고 "앗살람 알라이쿰"이라고 인사하게 함으로써 인간을 천사의 위상보다 높이 두었다는 점도 원선설이 옳다는 근거가 된다. 왜냐하면 천사는 죄의 속성이 전혀 없는 피조물이기 때문이다. 또한 알라는 천사들에게 만물의 명칭을 아담에게 배우게 했다. 이것은 아담, 즉 인간을 죄의 속성이 없는 천사들을 가르치는 스승의 위치에 둔 것이므로 인간이 죄를 가지고 태어났다는 것은 있을 수 없다는 것이다.

아담과 하와가 알라가 금기한 나무의 열매를 맛본 것은 사실이지만 그 책임을 타인에게 전가할 수 없다는 알라의 말씀도 이를 뒷받침하고 있다. 자식의 죄를 부모가 대신할 수 없고 부모의 죄가 자식에게 전가될 수도 없다는 것이다. 누구든 자기가 저지른 것은 자신의 책임이다. 그러므로 아담과 하와가 저지른 것에 대한 책임은 이미 아담과 하와 세대에서 청산되었으므로 자손들이 죄를 이어받을 이유가 없다. 그러므로 모든 인간은 원죄를 갖고 태어나는 것이 아니라 원선의 상태로 출생하는 것이다.

한편 인간의 죽음에 대해 『성경』은 아담의 죄로 인해 모든 인간은 죽는다고 했다. 이에 대해서도 무함마드는 반론을 제기한다. 인간의 죽음은 알라가 정해놓은 운명일 뿐이라는 것이다. 무함마드가 말하는 죽음은 『성경』에서 말하는 죽음과는 다르다. 그가 말하는 죽음은 천국으로 돌아가기 위한 두 번째 변태다. 이미 아담은 영생하는 천국에서 창조된 후 그곳에서 살았기 때문에 인간은 죽지 않는다고 했다. 아담과 하와가 지구로 올 때 천국의 환경과 지구의 환경이 달라 지구의 환경에 적응할 수 있도록 변태된 것처럼 천국으로 돌아갈 때 역시 천국에 적응하도록 바뀌는 과정을 거친다는 것이다. 이 과정이 우리가 알고 있는 죽음인 것이다.

이와 관련된 일화가 있다. 메디나 지역 출신의 나이 많은 한 노파가 무함마드를 찾아가 천국에 들어갈 수 있도록 기도를 부탁했다.

"예언자여, 내가 천국에 들어갈 수 있도록 알라께 기도해주세요."

예언자 무함마드가 대답했다.

"노파는 천국에 들어갈 수 없습니다."

이 말을 들은 노파는 슬퍼하며 눈물을 흘렸다. 이 노파의 눈물을 본 예언자 무함마드는 미소를 지으며 이렇게 말했다.

"그대는 여성이 재창조된다는 『꾸란』의 내용을 읽지 않았습니까? 『꾸란』은 이렇게 말하고 있어요. 알라께서는 그 여인을 새로이 창조할 것이니 그 노파를 처녀로 만들어 비슷한 나이 또래의 사랑스러운 여인으로 만들 것이니라."

이스마엘과 이삭 중 누가 장자일까?

아브라함이 부인 사라와 함께 이집트에 있을 때였다. 아름다운 여인이 한 남자와 함께 걷고 있다는 소식이 왕에게 전달되었다. 왕은 즉시 신하들을 보내 그 남자를 데려오게 한 후 동행 중인 여인에 관해 물었다. 그러자 아브라함은 자신의 아내를 여동생이라고 대답하고는 아내에게로 돌아가서 이렇게 말했다.

"왕이 나에게 당신과의 관계를 묻기에 오누이 관계라고 말했으니 그렇다고 대답하시오."

이윽고 신하들은 사라를 왕에게로 데려갔다. 사라는 기쁨을 주는 여인이라는 뜻이고 그녀는 이름에 걸맞게 아름다웠다. 왕은 극진히 대접하면서 그녀에게 접근했다.

이윽고 왕이 사라를 덮치려는 순간, 왕은 갑자기 공포에 휩싸여 바닥에 넘어졌다. 간통을 하려는 그에게 알라께서 벌을 내린 것이다. 그때 사라가 몸을 닦고 예배를 드렸다. 그러자 왕이 말했다.

"나를 위해 너의 신께 기도해보라. 그리하면 내가 너를 해치지 않을 것이라."

사라는 그렇게 했다. 그러자 왕은 다시 그녀를 덮치려 했다. 그러나 이번에도 왕은 공포에 떨면서 넘어졌다. 이런 일이 반복되자 왕은 그녀를 데려온 신하들을 불러 호되게 나무라며 이렇게 말했다.

"너희들은 미인을 데려온 것이 아니라 사탄을 데려온 거야."

그러고 나서 왕은 값진 선물과 함께 자신이 거느리고 있던 하갈이라는 몸종을 선물로 주어 돌려보냈다. 아이를 갖지 못한 사라는 아브라함이 상속자를 얻도록 하기 위해 남편에게 여종 하갈을 아내로 삼도록 했다. 아브라함이 사라의 권고를 받아들여 하갈과 동침해 아들을 출산하자 아브라함은 그의 이름을 이스마엘이라 불렀다.

한편 노파가 될 때까지 불임이었던 사라에게 천사들이 아브라함을 찾아와 신의 뜻에 따라 아내가 임신을 하게 될 것이라는 기쁜 소식을 전하자 사라는 이렇게 말했다.

"세상에 이런 일이! 남편도 늙었고 나도 이미 늙은 지 오래인데 내가 임신을 한다고?"

천사들의 말을 듣고 사라는 기뻐 웃음을 터뜨렸다. 신은 약속대로 아브라함에게 이삭과 야곱을 주어 예언자가 되게 했다.

이스마엘과 이삭은 『성경』과 『꾸란』에서 아브라함의 아들로 기록되어 있다. 이복형제이며 이스마엘이 이삭보다 먼저 태어났다는 것에 대해서도 두 경전은 견해를 같이한다. 그런데 장자(長子)는 누구이며 신의 제단에 번제로 바쳐진 자식은 누구인가를 놓고 기독교와 이슬람교는 서로 다른 견해를 가지고 있다.

배다른 형제이지만 인간의 본성(fitrah)에 근본을 두고 있는 이슬람교에서는 이스마엘이 이삭의 형이자 아브라함의 장남이어야 한다고 주장한다. 그러나 기독교에서 이스마엘은 하갈의 몸종에서 태어난 서자(庶子)이므로 아브라함의 대를 이을 권리는 이삭에게 있다고 주장한다.

신의 명령에 따라 아브라함이 아들을 제단에 바쳤다는 사건도 『성경』과 『꾸란』에 기록되어 있지만 어떤 자식이 번제로 바쳐졌는가에 대해서는 견해를 달리한다. 『성경』에서는 이삭이 주인공이고 이슬람교에서는 이스마일이 번제로 바쳐졌다고 주장한다. 아브라함이 꿈에서 아들을 제단에 바치라는 알라의 명령을 받고 이스마엘에게 말하자, 명령받은 대로 하라고 대답하면서 "인샤알라"(insha‘Allah), 즉 신의 뜻이라면 자신은 인내할 것이라고 했다.

아브라함의 독자(獨子)를 바치라고 한 『성경』 기록에 근거해서도 이슬람학자들은 번제로 바쳐진 아브라함의 자식을 이스마엘로 해석한다. 아브라함이 신으로부터 독자를 제단에 바치라는 명령을 받은 시기는 이삭이 태어나기 전이므로, 번제로 바쳐진 이는 이스마엘이라는 것이다. 아브라함이 이스마엘을 제단에 바쳤다는 전통에 따라 해마다 이슬람력 12월 10일 대순례에 참가한 순례자들은 메카에서, 대순례에 참가하지 않은 무슬림들은 가정에서 경제 형편에 따라 양 등 이슬람에서 허용하고 있는 가축을 희생시켜 3등분 한 후 3분의 1은 불우하고 가난한 사람들에게, 또 다른 3분의 1은 이웃에게 나누고 나머지 3분의 1은 아브라함의 신앙심과 이스마엘의 효행에 관한 담소를 나누면서 가족들이 먹는다.

번제의 장소 명칭도 유사하나 실제적인 장소에 대해서는 서로 다른 견해를 보이고 있다. 기독교에서 말하는 모리아는 예루살렘에 있는 언덕으로 해석하고 있으나 이슬람에서는 이스마엘이 어린 시절을 보낸 메카에 있는 마르와 동산으로 해석한다.

아브라함이 신의 명령에 순종해 자식을 희생시키려 했을 때 『성경』에서는 이삭이 아버지에게 '번제할 양이 어디에 있느냐'고 질문을 했다. 이에 신께서 친히 양을 주실 것이라고 아버지가 대답한 것에 근거해 자식 대신에 양이 번제될 것으로 예정되어 있었다고 한다. 반면 『꾸란』에서는 아브라함의 신앙심에 만족해 알라가 '어떤 훌륭한 것'을 대신 희생했는데 바로 그 '어떤 훌륭한 것'을 『꾸란』 학자들은 어린양으로 해석한다.

아브라함의 자식 중 하갈의 몸에서 태어난 이스마엘과 그의 후손이 오늘날의 이슬람종교 문화의 바탕이라면 기독교는 사라의 몸에서 탄생한 이삭과 그의 후손을 계보로 두고 있다. 한편 『꾸란』에서 이삭은 모든 이스라엘 부족과 연계되어 있고 그의 후손 중에 많은 예언자가 있으며 그 마지막은 예수라고 한다. 반면 이스마엘의 후손 중 마지막 예언자는 무함마드다.

『꾸란』에 비친 예수

예수는 누구인가? 그는 신의 아들이라고 일컬어지지만 어떤 이는 한 인간일 뿐이라고 주장하고, 혹자는 아예 상상으로 지어낸 신화적인 인물에 불과하다고까지 말한다. 기독교에서 예수는 삼위일체론에 따라 하나님이자 구세주다. 반면 유대인은 예수의 어머니 마리아를 간음한 여자로 매도해 예수를 비방하고 그의 탄생과 성장과정을 폄훼하고 있다. 그렇다면 이슬람에서 말하는 예수는 어떤 존재인가? 『꾸란』에 묘사되는 예수는 요람 속의 젖먹이 때에도 어머니를 변호하는 비범한 능력을 가지고 있다. 또한 문둥병 환자를 고치는 기적을 행하는 등『꾸란』에서 언급되는 예수에 관한 이야기는『성경』의 내용과 흡사하다.

> 천사들이 말하기를 "마리아여! 알라께서 말씀을 통해
> 너에게 아들에 관한 기쁜 소식을 주시노라.
> 그의 이름은 마리아의 아들 메시아 예수이니라.
> 그는 이 세상과 저 세상에서 훌륭한 자요
> 알라 가까이 있는 자들 중에 한 분이라.
> 예수는 요람에서 그리고 성장해서 사람들에게 말을 할 것이며
> 의로운 자들 가운데 있게 될 것이니라."

이슬람교는『성경』과 같이 예수가 동정녀 마리아에게서 태어났다고 한다.

> 그녀가 말했더라.
> "주여! 제가 어떻게 아이를 가질 수 있습니까?
> 어떤 남자도 저의 몸을 스치지 아니 했습니다."
> 그가 말했더라.
> "그렇게 되리라. 알라께서는 원하시는 대로 창조하시니
> 어떤 일을 정하시고 있어라 말씀하시면
> 그렇게 되니라 하셨느니라."

예수를 믿지 않으면 천국에 들어갈 수 없다는 것도『꾸란』과 같

다. 예수가 부활해서 심판의 날 재림한다는 것도 『꾸란』 학자들이 동의하는 부분이다. 『꾸란』은 동정녀 마리아가 아기를 낳으니 그의 이름을 예수라 했고 '축복의 기름으로 부어짐을 받았다'는 의미를 가진 '메시아'(Messiah)라는 칭호를 부여받았으며, 예수를 믿고 따르는 사람이어야 알라의 사랑과 자비를 받는다고 언급한다.

마리아의 아들 예수를 통해 복음을 보내니
그를 따르는 자는 모두가 사랑과 자비를 받을 것이니라.

또한 예수에게 계시된 복음서를 믿지 않고는 완전한 신을 발견할 수 없다는 이야기와 예수가 행한 많은 기적을 믿어야 한다는 것도 『꾸란』의 가르침이다. 이미 죽은 사람을 살린 일화와 장님의 눈을 뜨게 한 기적도 포함된다. 이스라엘 자손들이 예수를 음해해 살해하려 했고 유대인들이 예수를 간음한 여자의 아들로 간주한 것은 신에 대한 불경죄다. 『꾸란』에는 예수가 성령(ruh al qudus)으로 보호를 받았다는 기록이 자주 언급되고 있다.

알라는 마리아의 아들 예수에게 권능을 부여하고
그를 성령으로 보호하셨느니라.

『꾸란』과 『성경』은 예수의 죽음과 관련된 부분에서 달라진다. 기독교에서는 예수가 십자가에 못 박혀 죽었으나 장사지낸 지 사흘 만에 상처 입은 그대로 일어나 주위를 걷다가 그의 제자들과 대화를 나누고 음식을 먹은 후 하늘로 승천했다고 한다. 이에 대해『꾸란』은 예수의 부활과 재림은 같지만 예수가 십자가에 못 박혀 생을 마쳤다는 부분에 대해서는 다른 이론을 전개하고 있다.

유대인들이 예수 그리스도를 살해할 수도 없었을 뿐만 아니라 십자가형을 진 것은 예수가 아니라 그를 음모로 살해하려 했던 유대인 두목이라는 것이다. 유대인들이 예수를 살해할 음모를 꾸몄을 때 알라는 이미 예수를 보호할 계획을 세웠다. 즉 신의 완전한 능력으로 유대인 두목을 예수의 형상으로 보이게 하자 유대 병사들이 그를 예수로 착각하고 그에게 십자가형을 내렸다는 것이다. 메시아 예수를 승천시켜 세제(洗除)한 후 심판의 날 재림할 때까지 신을 부정한 무신론자나 다신론자들에 대한 증인으로 하늘에 두셨다는 내용이다.

이로 인해 예수의 죽음에 대한 기록은『꾸란』에서 발견되지 않는다. 자연사했을 것이라고 보는 학자가 있는가 하면, 예수의 죽음을 부정하고 영혼과 육신이 아직 살아 있어 세상의 종말이 되기 바로 전에 재림해 그가 십자가에 못 박혀 죽지 않았다는 사실에 대해 증언하고 신의 심판을 준비한 후 부활 전날 사망한다는 일부 이슬람 신학자들의 주장도 있다.

예수가 기독교인들에게 30일간 금식하라고 하자 그들은 그렇게 하고 나서 배불리 먹고 마음의 안정을 찾을 수 있는 음식이 차려진 하늘의 식탁(al maidah mina samaa)을 요구했다. 처음에는 거절했으나 그들의 요구가 강해 신에게 기도를 했다. 그랬더니 음식이 준비된 하늘의 식탁을 내려보내되 이 사실을 불신하는 세대가 나타난다면 이 세상 어느 누구에게도 내리지 않았던 징벌이 가해질 것이

라고 경고했다. 이와 함께 식탁을 내려보내 처음과 끝이 축제가 되
도록 했다고 『꾸란』은 언급하고 있다.

마리아의 아들 예수 가로되 "주여! 하늘로부터 저희에게
음식이 마련된 식탁을 주어 처음과 끝이
축제가 되도록 해주시며 당신께서 예증을 보여주시고
저희에게 일용할 양식을 주소서.
당신은 가장 훌륭한 양식의 주인이십니다."

식탁에 차려진 음식은 빵과 고기, 그밖의 다른 것이 있었다고 예
언자 무함마드는 전하고 있다.

하늘에서 내려진 음식을 먹으라고 제자들에게 말하자,
"저희가 어떻게 먼저 먹겠습니까?
예수님께서 먼저 드시지요"라고 대답했다.
예수가 말했다.
"우리는 이 음식을 먹을 자격이 없습니다.
가난한 사람, 배고픈 사람, 환자가 먹을 양식입니다.
알라를 진실로 믿는 신자라면 노동을 통해
먹을 양식을 얻어야 합니다."

이러한 예수의 말에 따라 이슬람은 스스로 일해 얻은 재물이라야
신의 축복을 받는다고 보았다. 마찬가지로 예수와 그의 제자들이 하

늘에서 내려진 음식은 배고픈 사람들에게 베풀고 자신들은 일해 얻은 양식을 먹으며 선교했던 것처럼 모든 성직자도 예수와 그 제자들의 모범을 따라야 한다는 교훈을 제시하고 있다.

예언자 무함마드가 묘사한 예수

예언자 무함마드의 『언행록』(*hadith*)에 묘사된 예수의 얼굴은 조그마하고 하얀 피부에 홍조를 띤 모습이다. 머리는 길지 않고 기름을 바르지 않은 헝클어진 모습이다. 그는 맨발로 걸었으며 입고 있는 옷과 그날 하루 먹을 양식 외에는 가진 것이 없었다. 그는 해가 지는 곳에서 아침이 올 때까지 예배를 드렸다. 그는 알라의 허락으로 소경과 문둥병 환자를 낫게 했으며 죽은 자에게 생명을 불어넣었다.

그는 사람들이 그들의 집에서 먹는 음식과 그들이 비축해둔 것이 무엇인가를 알아맞혔으며 물 위를 걸어 다녔다. 유대인들이 그를 십자가에 못 박아 죽이려 했으나 알라가 하늘로 승천시켰다. 다음은 『언행록』에 나오는 예수에 대한 묘사다.

예수가 한 사람을 만나 질문을 하셨다.
"너는 지금 무엇을 하고 있느냐?"
그러자 그가 대답했다.
"알라께 열심히 예배를 드리고 있습니다."
다시 예수가 물었다.
"누가 너에게 양식을 주느냐?"
그가 대답했다.

"제 형제입니다."

예수께서 말했다.

"그가 너보다 알라를 위해 더 헌신하고 있구나."

예수께서 말을 계속했다.

"이 세상은 사흘로 되어 있다.

즉 네 손에 아무것도 쥐어주지 못한 어제와

너에게 올지 안 올지 모르는 내일과 그리고

너에게 쓸모 있을 오늘이니라."

너희가 원한다면 마리아의 아들 예수를 따르라.

그분께서 이렇게 말씀하셨노라.

"나의 식욕은 배고픔이고, 내 속옷은 알라에 대한 경외이며,

내 겉옷은 털이라. 겨울에 쬐는 불은 햇볕이고,

내 등불은 달이며, 내가 타고 다니는 것은 내 두 발이라.

밤이나 낮이나 나에게는 아무것도 없지만

이 세상에 나보다 더 풍요로운 자는 없노라."

예수께서 말씀하셨다.

"이 세상을 쫓는 자는 바닷물을 마시는 자와 같나니

마시면 마실수록 더 갈증만 느끼다가 결국 죽고 마느니라."

예수께서 방랑하다가 외투를 뒤집어쓰고

누워 있는 사람을 보고 깨우면서 말했다.

"잠자는 사람아, 일어나 알라를 찬미하라."

그러자 그가 말했다.

"당신은 저한테서 무엇을 원하십니까?
참으로 저는 이 세상 모든 것을 사람들에게 다 주었습니다."
그때 예수께서 말했다.
"그러면 다시 자라, 내 친구야!"

메시아 예수께서는 빗과 컵 외에는 아무것도 가진 것이 없었다.
그래서 어떤 사람이 손가락으로 그의 수염을 빗는 것을 보시고
그에게 그 빗을 던져주셨으며, 손으로 강물을 떠 마시는 것을
보시고 그 컵을 던져주셨다.

마리아의 아들 예수께서 말씀하셨다.
"종말이 다가오면, 사람들에게 세상을 멀리하라고 가르치면서
자신들은 그렇지 않으며, 그들에게 저 세상을 추구하라고
말하면서 자신들은 그렇지 않으며, 그들에게 통치자를
경계하라고 경고하면서 자신들은 그렇지 않는 사람들이 있다.
이들은 부자를 가까이하고 가난한 사람을 멀리할 것이며,
거만한 자를 좋아하면서 겸손한 자를 싫어할 것이다.
그들은 바로 악마의 형제로 자비하신 분의 적이기 때문이라."
한 사람이 예수를 만나 이렇게 말했다.
"당신을 따라다니고 싶습니다."
예수는 그의 요구를 뿌리치지 못하고 함께 길을 떠났다.
강가에 이르러 빵 세 개 중에서 두 개로 아침을 먹었다.
그런 후 예수께서 일어나 강가로 가 물을 마시고 돌아와 보니

남은 빵 한 개가 없어졌다.

누가 먹었느냐고 예수께서 묻자,

"저는 모릅니다"라고 그가 대답했다.

다시 길을 걸었다. 어미 노루와 새끼 두 마리를 보고는

예수께서 새끼 한 마리를 잡아 불에 구워 둘이서 일부를 먹었다.

그다음 죽은 노루 새끼에게, 알라의 허락이니 일어나라고

예수께서 말씀하셨다. 그러자 죽은 노루 새끼가

살아서 걸어갔다. 예수께서 그에게,

"이 기적을 보여주신 알라께 맹세코 너에게 묻겠는데,

남은 빵 하나를 누가 먹었느냐?"

그가 대답했다.

"저는 모르는 일입니다."

다시 두 사람이 계속해 길을 가다가 물이 넘쳐흐르는

계곡에 이르렀다. 예수님은 그의 손을 잡고

그 물 위를 걸어서 건너게 한 뒤 다시 물었다.

"기적을 보여주신 알라께 맹세코 묻노니,

누가 그 빵을 먹었느냐?"

그래도 그는 똑같은 대답을 했다.

두 사람은 다시 길을 걷다가 모래사막에 이르렀다.

예수께서 모래를 모아놓고,

"알라의 허락으로 금이 되어라"라고

예수께서 말씀하시니 모래가 금으로 변했다.

예수께서 금을 3등분으로 나눈 다음,

이 가운데 하나는 내 것이고, 하나는 네 것이며,
나머지 하나는 빵을 먹은 자의 것이라고 말씀하셨다.
그제야 그는 주저하지 않고 자신이 그 빵을
먹었다고 말했다. 그러자 예수께서 말했다.
"네가 전부 가져라."
그러고는 그와 헤어져 길을 떠났다.
한참 뒤에 예수께서 다시 그를 만났는데 어떤 두 사람이
그로부터 금을 빼앗으려 술책을 꾸미고 있는 것을 알았다.
그들은 셋 중에 한 사람이 마을로 가서 먹을 음식을 사오도록
하자고 의논하고 있었다. 이에 마을로 음식을 사러 간 자가
음모를 꾸몄다.
"내가 왜 이 금을 다른 두 사람과 나누어 가져야 하지?
음식에 독을 넣어 그들을 살해하면 모두가
내 것이 될 게 아닌가?"
그러고는 음식에 독약을 넣었다.
한편 나머지 두 사람도 음모를 꾸몄다.
"왜 우리가 이 금을 그와 나누어 가져야 하지?
그가 돌아오면 그를 살해하고 우리 둘이서
분배하면 될 것 아닌가?"
그가 돌아오자 그 두 사람은 그를 살해했고,
그 둘도 그가 독을 넣어 가져온 음식을 먹고 죽었다.
이것을 본 예수께서 동료들을 보고 말씀하셨다.
"바로 이것이 세상사니라."

메카에서 한 번만 예배를 해도
10만 번의 예배를 드린 것과 같고,
보통 하루에 5회의 예배를 하므로 2만 일,
54년 동안의 예배를 본 것이나 다름이 없다.
실제로 이런 계산이 이슬람 신자들에게
어떻게 작용할지는 모르겠지만,
그들에게는 대단히 매력적인 이야기일 듯했다.

조용한 아침을 깨우는 신의 음성

예로부터 조로아스터교에서는 불을 피워 예배시간을 알렸고 유대교에서는 나팔을 불어서 예배시간을 알렸다. 기독교에서는 종을 쳐서 예배시간을 알렸다. 이슬람교에도 예배시간을 알리는 방법이 있다. 멀리 있는 사람들에게 예배 시간이 되었음을 알리는 자를 무아진(mu　zzin)이라고 한다. 유대교의 나팔수 역할이고 기독교로 말하면 종치기에 해당된다고나 할까. 다른 종교들이 악기나 어떤 도구를 이용하여 예배시간을 알려준 공통점이 있다고 한다면 이슬람교에서는 어떠한 악기나 도구도 허용하지 않고 인간의 육성을 통해서 이루어지고 있다. 무아진이 고음과 저음의 리듬으로 가사를 읊는 것을 아잔(azan)이라고 한다.

아잔이 없는 예배는 알라께서 수락하지 않는다. 공공장소에는 일반적으로 무아진이 있지만 가족끼리 또는 혼자 예배를 드려야 할 때가 더 많다. 그래서 무슬림들 각 개인은 남녀를 막론하고 아잔을 암기하고 있어야 한다. 최근 한국에서는 기독교 예배를 알리는 종소리를 듣기 어려워졌지만 예언자 무함마드시대부터 시작된 아잔은 특유의 리듬을 타고 15세기 동안 이어져왔다. 최초로 아잔을 읊은 무아진은 빌랄(Bilal)이다. 그래서인지 아잔과 관련된 고급상품 브랜드에 그의 이름이 사용되고 있으며, 이슬람권에 시계를 수출하는 기업들은 경쟁적으로 예배시간이 되면 아잔이 흘러나오는 아잔 시계를 생산하고 있다.

하루에 다섯 번 예배하니 아잔도 하루에 다섯 차례 울려 퍼진다. 이슬람 성원(聖院, masjid)의 뾰족탑(minarah)과 라디오나 텔레비전을 통해서도 흘러나온다. TV 드라마에 빠져 있을 때 프로그램이 잠시 중단되면서 흘러나오는 아잔은 반갑지만은 않다. 흰 실과 검은 실이 잘 구별되지 않을 정도로 이른 새벽에 흘러나오는 아잔소리는 웬만큼 신경이 무딘 사람이 아니면 아침잠을 깨우게 마련이다. 낯선 이국땅 이슬람국가에 와서 아잔 소리를 듣노라면 비록 가사의 뜻은 이해할 수 없어도 누군가가 자신을 부르고 있는 듯한 신비로운 느낌을 받을 수 있다.

아잔은 알라의 위대함(Allah akbar)을 찬양하는 내용을 시작으로 알라 외에는 어떠한 신도 존재하지 않으며(la ilaha illah Allah) 무함마드는 알라의 사도(Muhammad rasullah)에 불과하니 모두가 알라를 경배(haiya ala salah)하여 축복을 받으라(haiya ala falah)는 내용이다. 그런데 새벽예배 시간을 알리는 아잔에는 잠을 깨우는 한 문구가 추가된다. 예배는 잠보다 더 좋고 더 많은 축복을 받는다(assalat minan naum)는 내용의 문구다.

아잔을 듣고 성원을 찾은 무슬림들은 또 다른 신의 음성을 기다린다. 이를 이까마(iqamah)라고 하는데 아잔이 멀리 있는 사람들에게 예배시간이 되었음을 알리는 것이라면 이까마는 성원에 와 있는 사람들에게 예배의 시작을 알리는 신의 음성이다. 내용은 아잔과 같으나 가사의 길이가 아잔의 절반이며 '예배시간이 되었다'(qad qamat salat)는 문구가 더 추가된 점만 다르다.

『꾸란』에 따르면 알라는 만물 중에서 인간을 가장 아름답게 창조했다고 했다. 이와 같이 알라의 걸작으로 태어나는 신생아는 신의 음성을 먼저 들어야 한다고 예언자 무함마드는 가르쳤다. 이에 따라

아잔을 읊고 있는 무아진(왼쪽)과 빌랄 아잔시계(오른쪽).
무아진이 아잔을 읊어야만 예배가 인정된다.
최초로 아잔을 읊은 이가 빌랄이기 때문에 그의 이름을 딴 아잔 관련 상품들이 많다.

신생아의 오른쪽 귀에는 아잔을, 왼쪽 귀에는 이까마를 들려준다.

정해진 시간에 맞추어 하루 다섯 차례 이루어지는 예배는 일상생활에 큰 영향을 미친다. 약속을 할 때 우리는 퇴근시간이나 저녁 먹을 시간 등에 맞춰 약속을 하지만 무슬림들은 예배시간을 기준으로 약속을 하는 편이다. 그렇게 하는 것이 정확하고 편리하기 때문이다. 오후 6시 정각을 약속시간으로 잡았어도 그때가 석양예배와 겹친다면 약속은 취소된 것과 같다. 알라와의 약속이 인간과의 약속보다 더 중요하기 때문이다. 석양예배 후로 약속을 잡는다면 그 약속은 거의 정확하게 지켜진다.

기술의 발달은 종교의식에도 영향을 준다.
예배를 보기 전에 아잔이 필수인 이슬람사람들은
아잔과 관련된 용품을 필요로 한다.
그림은 중국에서 생산된 아잔시계다.

재물을 깨끗하게 하는 이슬람세(稅), 자카트

불교에는 시주가 있고 기독교에 헌금이 있는 것처럼 이슬람교에
도 '자카트'(zakat)라는 것이 있다. 이슬람에서는 인간이 소유하고
있는 모든 재물을 알라께서 일정기간 인간에게 위탁해놓은 신의 위
탁재산이라고 설명한다. 인간이 빈손으로 왔다가 빈손으로 돌아가
는 이유도 모든 재물은 인간의 것이 아니라 신의 재물이기 때문이라
고 한다. 예언자 무함마드는 『언행록』에서 빈손으로 왔다가 빈손으
로 가는 것이 곧 인생이라는 것을 강조한다. 그러면서 인간이 영원
토록 소유할 수 있는 것은 오로지 한 가지뿐이라고 했다. 사람이 죽
으면 자식과 재물, 그의 업적 등 이렇게 세 가지가 남는데, 자식과
재물은 고인과 함께 떠나지 못하고 그가 남긴 업적만이 고인을 따라
간다는 것이다.

『꾸란』은 재물의 양이나 시기에 관계없이 개인의 자유의사에 따라 내는 자선(sadaqah)과 제도적으로 연말정산의 결과에 따라 일정량을 바치는 자카트를 언급하고 있다. 후자는 교회에 내는 헌금이나 불교성원에 바치는 시주를 포함해서 가난하고 불우한 이웃을 위해 내는 자선금, 사회복지나 공공사업을 위해 내는 기부금, 긴급재해복구와 구호를 목적으로 내는 구호금 등을 포함하고 있어 나는 자카트란 용어를 이슬람세(稅)라고 번역했다. '세'(稅)를 붙인 이유는 이것이 의무조항이기 때문이다. 자카트가 의무가 된 시기는 예언자 무함마드가 메카에서 메디나로 도읍을 옮긴 후 2년째가 되던 해 이슬람력 9월 라마단 달로 알려져 있다.

자카트는 재물을 깨끗하게 정화해 정당하고 합법적인 재산으로 만든다는 의미다. 알라께서 정해놓은 일정량을 수혜자들에게 돌려주지 않는 재산은 깨끗하지 못해 정당한 재산이 될 수 없다고 해석한다. 그래서 이슬람세를 내지 않은 재산은 부당한 재산으로 간주된다. 세금을 포탈하면 그가 취득한 재산은 불법으로 간주되어 법의 구속을 받는 것처럼, 이슬람세는 알라께서 정한 세금이므로 이슬람세 미납자는 신법(神法)을 위반한 것이 되어 신법의 구속을 받아 결국 지옥이라고 하는 형무소에서 벌을 받는다고 되어 있다.

자카트는 개인의 의무이며 한편으로는 자기의 재산을 정당화하는 수단이다. 그러나 부당한 방법으로 취득한 재물을 이슬람세로 바쳤을 경우 신은 수량이나 금액에 관계없이 수락하지 않는다고 한다. 고리대금업을 통해서 얻은 이자소득, 훔친 재물, 술을 팔아 얻은 재산, 도박 등 이슬람이 금지하고 있는 방법으로 얻은 재물은 신법에

저촉되기 때문이다.

이슬람세가 부과되는 품목은 다양하다. 자산이나 현금, 금은 같은 귀금속, 농산물, 축산물을 비롯해 재산증식을 목적으로 보관 중인 여성용 장식품도 포함된다. 그러나 여성의 미(美)를 위해 사용하고 있는 여성용 장식품은 이슬람세 대상품목에서 제외된다.

이슬람세는 연말정산에서 개인비용, 가족 부양비와 용돈, 필요경비를 공제하고 부채가 있을 경우 부채를 상환한 후 남은 순수 이익금 잔액이 15달러 이상에 상응하는 재산을 소유한 무슬림이면 남녀를 막론하고 그 금액의 2.5퍼센트를 내야 한다.

수혜자는『꾸란』제9장 제60절에 근거해 여덟 가지 분야에 해당되는 자들이다. ① 가난한 사람, ② 불우한 사람, ③ 자유의 몸이 되기 위해 도움을 필요로 한 노예, ④ 고아원을 비롯해 학교, 병원, 예배당 등 공공사업을 운영하는 사람, ⑤ 지불능력이 없는 채무자, ⑥ 사회모범자로서 격려와 위안을 받을 자, ⑦ 이슬람 세무공무원, ⑧ 여행 중에 예기치 않게 여비가 떨어진 여행자가 그 대상이다.

이슬람세는 무슬림들이 준수해야 할 이슬람교 5대 의무 중의 하나다. 그러나 이것은 종교적 의무이지 개인의 경우 실정법상의 의무는 아니다. 마치 하루 다섯 번 예배를 드리는 것이 의무이지만 그 의무사항을 다 지키지 못하는 것처럼 각 개인의 이슬람세도 마찬가지다.

한편 회사는 다르다. 회사의 이슬람세는 실정법상의 의무다. 회사는 사람이 아니기 때문에 종교의 의무사항이 될 수 없다. 그래서 회사의 이슬람세는 실정법의 구속을 받는다. 이슬람국가의 사정에 따라 차이는 있지만 사우디아라비아의 경우 이슬람세 외에는 개인이나 회사를 막론하고 세금이 없다.

이슬람신앙의 필수품, 미스바하

불자가 염주(念珠)를 사용하고 가톨릭 신자가 묵주(默珠)를 쓰는 것처럼 무슬림도 이와 흡사한 것을 사용한다. 아랍말로는 그것을 수브하(subha) 또는 미스바하(misbah)라 부른다. 이 두 단어는 삽바하(sabbha)라는 아랍어 동사에서 파생된 명사로, '찬양하다, 찬미하다, 아침저녁으로 알라를 찬양하고 찬미하다'는 의미를 담고 있었다.

염주의 알은 108개, 묵주는 59개다. 미스바하는 99개 혹은 33개다. 개수는 다르지만 불교와 가톨릭, 이슬람교의 예배도구는 모두 비슷한 모양이다.

이슬람교는 기독교 이후 약 500년 후에, 기독교는 불교 이후 대략 500년 후에 나타난 종교다. 그렇다면 3대 종교의 염주와 묵주와 미스바하는 어떤 연관성을 갖고 있을까? 아마도 가톨릭의 묵주는 불교의 염주에서 영향을, 이슬람교의 미스바하도 염주나 묵주의 영향을 받았을 가능성이 높을 것이다.

무슬림은 미스바하를 하루에 최소한 다섯 번 이상 사용한다. 의무예배가 다섯 번이기 때문이다. 의무예배 전후로 보는 추가예배, 자발적인 예배, 또는 임의예배까지 합하면 이슬람교도는 종일 미스바하를 손에서 떼지 않는다는 말이 지나치지 않을 것이다. 미스바하로 꿴 한 개의 알을 만질 때마다 사용되는 세 문구가 있다. '수브하날

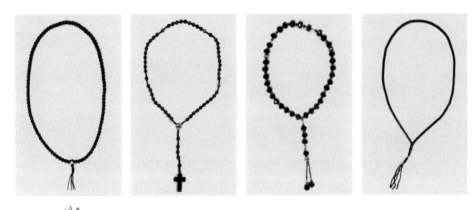

왼쪽부터 염주, 묵주, 33알 미스바하, 99알 미스바하.
불교의 염주, 가톨릭의 묵주, 이슬람의 신주는 외형상 비슷해서 구분하기 어렵다.
불교의 영향이 이슬람교까지 이어진 것으로 추정된다.

라'(subhanallah), '알함두릴라'(alhamdulillah), '알라후아크바르' (allahuakbar)를 각각 33번씩, 총 99번을 암송한다. 미스바하가 99개의 알로 엮인 이유다. 99알 미스바하는 길이가 길고 휴대가 불편해서 33알 미스바하를 가지고 다니는 사람들도 많다.

'수브하날라'는 '알라여, 홀로 찬양과 찬미를 받으소서!'라는 의미를 담고 있으며, '알함두릴라'는 '알라여, 모든 영광을 홀로 받으소서!' '알라후아크바르'는 '알라여, 당신은 가장 위대한 분이십니다!'라는 뜻이다.

예언자 무함마드는 이 문구로 알라를 찬양하는 것이 알라를 가장 기쁘게 하는 자이며 그 말 한마디 한마디가 자선이라고 했다. '알함두릴라'는 선행의 저울을 가득 채우는 문구이며, '수브하날라'와 '알함두릴라'를 말하면 하늘과 땅 사이만큼 넓은 선행의 저울을 가득 채운다고 한다.

146

우리말에는 미스바하를 의미하는 말이 없다. 이슬람교가 생긴 지 1,400년이 지났지만 염주나 묵주와 같은 단어가 없다는 것은 이슬람이 문화적으로 우리와 얼마나 거리가 있는지를 보여주는 사례일 것이다. 나는 미스바하에 대응할 수 있는 적절한 우리말을 찾고 있었다. 염주와 묵주의 앞 글자를 따서 염묵주(念默珠)로 표현하면 어떨까 하는 생각을 해보기도 했다. 불교가 가톨릭교보다 먼저 왔기 때문이다.

그러다가 무암마르 카다피 리비아 국가원수 집권 40주년 기념행사에 초청을 받았다. 그 행사에는 한국 불교계 대표로 초청을 받은 조계종 진관 스님도 와 계셨다. 나는 기회를 놓치지 않고 불교의 염주에 대한 질문을 했고 그분께서는 기꺼이 그에 대한 말씀을 해주셨다. 그리고 나는 이슬람교의 '미스바하'에 대한 이야기를 꺼내며 위에서 언급한 그 의미를 설명해드린 후 적절한 이름이 없겠느냐고 여쭤보았다. 무엇인가 생각한 모습을 보였는데 적당한 이름이 생각나지 않았는지 대답을 미루셨다.

다음 날 아침식사 시간에 마주친 스님의 얼굴은 밝아 보였다. 미스바하에 대한 한글 이름을 생각하느라 새벽까지 잠을 이루지 못하긴 했지만 적절한 이름을 찾았다고 하면서 말문을 여셨다. 이슬람교의 미스바하는 알라만을 찬양하고 찬미하며 모든 영광을 그분에게로 돌리고 그분만이 가장 위대한 신이라는 내용을 담고 있는 것으로 보아 신주(神珠)라는 말이 가장 어울리지 않겠느냐고 말씀하셨다.

거의 30년 동안 이슬람을 공부하고 그 후로 줄곧 이슬람을 연구하고 있던 내가 하지 못한 일을 진관 스님이 해결해주신 것이다.

거룩하고 성스러운 신앙의 시간, 라마단

유대교인이나 기독교인이 금식을 하는 것처럼 무슬림도 금식을 하라는 『꾸란』의 가르침에 따라 매년 라마단 한 달 동안 금식을 한다. 새벽예배 시간을 알리는 아잔이 울려 퍼지는 순간부터 석양예배 시간을 알리는 아잔이 흘러나오기 전까지는 먹지도 않고 물 한 모금도 마시지도 않는다. 그러다가 석양예배 시간을 알리는 아잔이 흘러나오는 순간 서둘러 종려나무 열매(tamr)와 음료수로 허기를 줄인다. 이처럼 그날의 단식을 깨뜨리는 것을 이프타르(iftar)라 부르며 석양 예배를 마친 후에는 라마단 음식을 먹는다.

이슬람력은 태음력이어서 1년이 354일이다. 태양력일 기준으로 한 1년보다 11일이 짧기 때문에 라마단 달은 매년 11일씩이 앞당겨진다. 그래서 라마단은 여름이 될 때도 있고 겨울이 될 때도 있다.

새벽예배를 시작하기 대략 한 시간 전에 가볍게 식사를 한다. 이 식사를 가리켜 사후르(sahur)라고 하는데, 이프타르 음식은 서둘러 먹고 사후르 음식은 늦추어 먹을 때 더 많은 축복을 받는다고 예언자 무함마드는 말했다. 그리고 새벽예배 시간이 될 때까지 친구들과 종교적 담소를 비롯해 세상사 이야기를 나누면서 밤을 지새우다가 새벽예배를 마친 후 잠자리에 드는 것이 라마단 기간의 일상이다.

새벽밥을 먹는 것은 다음 날 금식하는 것을 좀 더 수월하게 하기 위해서이고 밤을 지새우면서 친구들과 모여 이야기를 나누는 것은 최대한 늦잠을 많이 자서 낮 동안의 금식시간을 줄이기 위함이다. 새벽에 잠이 들면 오전 늦게까지 잠을 잘 수 있다. 그러므로 오전 10

시 전까지는 가정을 방문한다거나 전화를 거는 것은 실례가 될 수 있다. 그 대신 사후르를 먹을 때까지는 밤중이나 새벽이라도 전화나 방문이 실례가 되지 않는다.

라마단 달은 위대하고 거룩하며 성스러운 달이라고 한다. 이달 20일 이후 어느 홀수 날에 최초로 성스러운 『꾸란』이 계시된 달이라고 했기 때문이다. 이러한 이유로 라마단 달에 밤마다 열리는 타라위(tarawih) 예배에서 604쪽에 달하는 『꾸란』을 30일 동안 30분의 1씩 매일 읽으며 암기하거나 듣는다.

평소 저녁시간은 하루 일과를 마치고 귀가해 휴식을 취하는 시간이다. 그러나 라마단 달에는 그 반대다. 그날의 일과를 계속하거나 저녁때 시작하기도 한다. 금식을 하는 낮에는 닫혀 있던 거리의 모든 식당이 전등불로 화려하게 장식을 하고 영업을 개시한다. 시장이나 크고 작은 가게들은 사람들로 북적거리고 회사 사무실에서는 상담이 오가며 이슬람 예배당에서는 거룩한 라마단 달이 갖는 의미에 대해 학자들의 강의가 열리고 이에 대한 진지한 대화와 토론이 벌어진다.

라마단은 금식을 하며 알라를 경배하는 신앙의 달이다. 라마단 기간 내내 저녁이 시작되면서부터 아침이 되기 전까지 천사들이 하늘을 오르내리며 예배하는 자의 모든 간구를 알라께 전한다고 했다. 그래서 라마단 달에는 메카를 찾는 무슬림이 많아지고 20일이 넘어가면 밤예배(isha)에는 이슬람예배당을 찾는 무슬림이 더욱 많아진다. 라마단은 위대한 달이다. 이슬람역사에서 처음으로 벌어진 바드르(badr) 전투에서 예언자가 이끈 무슬림 군대가 승리를 거두었기 때문이다. 또한 라마단은 가난하고 불우한 사람들에게 사랑을 베푸는 자비의 달이기도 하다.

예배당 밖에서도 갖가지 행사가 열리기도 한다. 나라에 따라 라마단 달의 풍습이 다소 차이가 있기는 하지만, 마술사는 요술을 부리고 곡예사는 거기에 뒤질세라 공중곡예를 보이며 시인이나 만담가는 사람들을 유혹하기에 충분할 정도의 능통한 화술로 라마단 달의 밤을 장식한다.

이러한 진풍경은 라마단 기간 내내 계속되다가 29일 밤을 끝으로 막을 내린다. 초승달을 보고 시작한 한 라마단은 다음 초승달을 보고 종료된다. 그리고 바로 다음 달(shawal) 첫날 명절을 맞이한다. 잘 익은 오곡으로 추석 명절을 맞이하는 우리와는 달리 무슬림은 한 달 동안의 단식을 통해 얻은 정신적 기쁨으로 명절을 맞이하는 것이 차이점이라 하겠다.

이 명절을 가리켜서 이둘 피트르(eid al fitr)라 하는데, 단식을 깨뜨리는 축제의 날이란 의미다. 이 명절은 3일 이상 계속된다. 이 기간에 우리나라의 추석이나 설과 마찬가지로 새 옷을 입고 이른 아침부터 가까운 친지를 방문해 덕담을 나눈다. "이드 사이드"(eid saeed: 행복한 명절 되기 바랍니다)라 인사하고 대답을 하는 사람은 "이드 무바라크"(eid mubarak: 축복받은 명절이 되시길 바랍니다)란 문구로 답례한다.

명절예배가 시작되기 전에 1인당 1.8킬로그램의 쌀이나 그에 해당하는 금액을 가족 수에 따라 지불한다. 이것을 두고 '금식을 깨뜨리는 이슬람세'(zakat al fitr)라고 한다. 예배가 시작되기 전 가난한

왼쪽 | 라마단의 상징인 초승달은 이슬람을 대표하는 이미지다.
이슬람에서는 적십자 대신 적신월(red crescent)을 사용한다.
오른쪽 | 라마단 기간에는 초승달을 모티프로 한 광고가 만들어지기도 한다.

사람, 불우한 사람, 필요로 하는 사람들에게 분배해 명절의 기쁨을 함께 나누는 이슬람의 전통이다.

신의 축복을 찾아 떠나는 여행, 성지순례hajj

이슬람교의 성지는 세 곳이 있다. 이 세 곳 외에는 어떠한 장소도 성지로 인정되지 않는다. 사우디아라비아에 있는 메카와 메디나, 이스라엘이 점령하고 있는 아크사 예배당과 황금 돔 예배당이 있는 지역이다. 메카는 알라의 집(bait Allah)이라 불리는 카으바 신전이 있고, 13년 동안『꾸란』이 계시된 곳이다. 메디나는 10년 동안『꾸란』이 계시된 곳이고 예언자 무함마드의 묘와 예언자 예배당이 있는 곳이다. 예루살렘은 『성경』과 『꾸란』에 등장한 예언자들의 고향이자 예언자 무함마드가 밤여행(al isra)을 한 곳이고, 하늘여행(al mi'raj)을 다녀온 곳이며 무슬림의 최초 예배방향이다.

예언자 무함마드가 남긴 말에 따르면 메카 성지에 있는 하람 예배당(masjid al haram)에서 행하는 한 번의 예배는 다른 곳에서 행하는 것보다 10만 배의 축복을 받고, 메디나 성지의 예언자 예배당(masjid al nabi)에서 행하는 한 번의 예배는 1천 배의 축복을 받고, 예루살렘의 아크사 예배당(masjid al aqsa)과 황금돔 예배당(masjid qubbah al sakhrah)에서 행하는 한 번의 예배는 500배의 축복을 받는다. 전 세계 무슬림이 메카를 찾고 메디나를 찾는 목적과 이유가 바로 여기에 있다.

성지순례는 아무 때나 가는 것이 아니라 정해진 기간에 수행하도록 되어 있다. 순례의 주요 의식은 이슬람력 12월(haji) 7일 밤부터 13일까지가 절정기간이다. 이슬람의 성지순례는 민족과 언어, 피부색깔을 초월한 범세계적 형제애를 실천하는 가장 숭고한 의식의 하나로 현실문제와 내세의 문제를 동시에 다루는 지구촌에서 가장 큰 연례 종교집회다. 정신과 언행, 육신과 영혼이 하나가 된 여행으로 민족과 언어가 다르고 피부색깔이 서로 다른 200만 이상의 순례자들이 이흐람(ihram)이라고 하는 하얀 순례 옷을 입고 인산인해를 이루며 통일된 『꾸란』의 언어로 순례가(labbaikallahumma labbaik ……: 주여! 제가 당신의 부름을 받고 이곳에 왔나이다……)를 합창하면서 카으바 신전을 향한다.

남성의 경우는 속옷까지 벗어버리고 바느질이 되지 않은 두 장의 길고 흰 천을 한 장은 허리에 둘러 아래를 가리고, 한 장은 어깨에 두르고 메카에 입성한다. 평상복을 벗고 하얀 천으로 몸을 가리는 것은 인류의 시조인 아담과 하와의 모습으로 귀의한다는 의미와 더불어 인간이 이 세상을 떠날 때 수의(壽衣) 한 벌만 걸치고 저 세상으로 떠나는 것처럼 현세의 모든 물욕을 버리고 알라 앞에서 평등을 실현하는 한 과정이다. 순례자는 고급스러운 구두 같은 신발을 신어서도 안 되며, 필요할 경우 가장 허름한 것을 신거나 아니면 맨발로 순례하는 것이 더 많은 축복을 받는다고 주장하는 사람도 있다. 모세가 알라 앞에서 신발을 벗은 것이 그 근거다.

순례자들은 하람 예배당의 뾰족탑(manarah)을 보는 순간부터 순례가를 합창하면서 하람 예배당 안으로 들어가 카으바 신전에 박혀 있는 흑석(hazar al aswad) 코너에서 출발해 카으바 신전을 시계 반대방향으로 걷고 뛰면서 일곱 바퀴 돈다. 그런 후 대리석으로 장식된, 사파(safa)와 마르와(marwa) 두 바위 언덕 사이의 회랑을 걷고 뛰면서 일곱 번 보행한다. 이러한 관행은 아브라함의 후처 하갈의 전통에서 비롯되었다고 한다.

하지 달 9일 순례자들은 신전으로부터 약 14킬로미터 떨어진 에덴동산(arafat)으로 이동해 순례의 마지막 의식을 행한다. 자비의 산(jabal al ramah)이라 불리는 이 작은 언덕은 천국에서 아담과 하와가 헤어져 땅으로 내려와 처음으로 만나 알라를 경배한 후 밤을 지새우며 하룻밤을 보냈던 곳이다. 또 예언자 무함마드가 임종하기 전 무슬림들에게 그의 마지막 고별 설교를 했던 장소이기도 하다.

하지 달 10일 순례자들은 메카에서, 그리고 전 세계 무슬림은 가정에서 양이나 허용된 가축을 알라의 이름으로 도살한다. 이날을 '이둘 아드하'(eid al adha)라 부른다. 허용된 가축을 도살해 알라의 제단에 바치는 축제의 날이라는 뜻이다. 도살된 고기는 3등분해 3분의 1은 이웃과 친지에게, 3분의 1은 가족이 이스마엘에 관한 이야기를 되새기면서 요리해 먹고, 3분의 1은 가난하고 어려운 사람들에게 나눠준다. 새 옷이나 깨끗한 옷을 입는 모습이나 친지를 방문하고 선물을 교환하며 새해의 복을 기원해주는 모습은 우리의 설날과 다를 것이 없다. "당신에게 매년 좋은 일만 있기를 바랍니다"(kulu am wa antum bi khair)라고 서로 새해 인사를 나눈다.

크리스마스가 기독교인에게 가장 큰 명절이라고 한다면 이슬람력 12월 10일은 무슬림을 위한 가장 큰 명절이다. 크리스마스가 화려하게 치장을 하고 떠들썩하게 즐기는 명절인데 반해 아브라함의 아들 이스마엘이 알라의 제단에 바쳐진 것을 기념하는 '이둘 아드하'는 아브라함의 모범적 신앙과 부모에 대한 자식의 순종에 관해 이야기꽃을 피우면서 검소하고 조용하게 경축된다.

메카를 가다

사우디아라비아에 첫 발을 디딘 후 S서기관의 관용차를 타고 제다를 빠져나와 메카로 향했다. 도시를 벗어나자 창밖으로 내다보이는 것은 나무 한 그루 풀 한 포기 보기 힘든 황량한 사막과 돌산의 전경이 펼쳐지면서 띄엄띄엄 서 있는 낙타뿐이었다. 아랍인은 낙타를 가리켜 사막의 유람선(al jamal safinat sahara)이라고 부르지만 사막 위에 덩그러니 서 있다 가끔 하늘로 고개를 쳐드는 낙타의 모습은 너무 외로워 보였다.

허허한 사막 한가운데 뚫린 길을 시속 150킬로미터로 달리던 관용 캐딜락이 속도를 줄이면서 검문소 앞에서 멈췄다. 메카에 들어가려면 알라를 믿는다는 확인서가 있어야 한다. S서기관과 나는 이미 여권 사증에 확인이 되어 있었기 때문에 검문소를 통과하는 데 아무런 어려움이 없었다.

메카가 출입이 통제되기 시작한 것은 630년 예언자 무함마드가 메카를 무혈정복하고 그다음 해 그의 사위 알리가 『꾸란』 제9장 제28절에 근거해 알라를 믿지 않는 자의 방문을 금지한 것이 시초다. 이로 인해 무려 14세기가 지난 오늘날까지 확인서가 없는 일반인에게는 메카 출입이 허용되지 않고 있다. 이러한 이유로 사우디아라비아 입국비자 신청서와 사증에는 반드시 종교를 기록하도록 돼 있다. 만약 종교가 없다면 경우에는 "종교 없음"이라고 기재하면 된다.

자동차가 도심 언덕길에 오르자 하늘을 향한 뾰족탑들이 보습을 보였다. 메카의 거리는 온통 하얀 천으로 몸을 가린 다양한 피부색의 사람으로 넘쳐났다. 백인, 흑인, 황인종에 이르기까지 지구촌 각 나라의 다양한 사람이 모여 있는 것처럼 보였다. 그들 사이를 헤치고 신성한 예배당이라는 의미를 가진 마스지둘 하람(masjid al haram) 성원 가까이 다가오면서 가슴이 설레기 시작했다. 언덕에서 내려다보이는 거대하고 웅장한 신전의 규모가 놀라웠고 전 세계에서 몰려온 헤아릴 수 없는 순례자들의 통일된 예배의식은 신 앞이 아니고는 불가능한 모습으로 보였으며 그들의 간절한 기도는 마치 나에게 신이 있음을 확인시켜주는 듯싶었다.

메카의 하람 성원. 이슬람 최고의 성지인 이곳에는 순례자가 끊이질 않는다.
무함마드는 이곳에서 예배를 하면 10만 배의 축복과 보상을 더 받는다고 했다.

   안내를 받아 예배당 안으로 들어가 보니 알라의 집(bait Allah)이
라 불리는 정육면체 모양의 카으바 신전이 한복판에 위치하고 있었
다. 아담이 이 땅에 첫발을 내딛었던 곳에 카으바 신전을 세우라는
알라의 명령을 받고 믿음의 조상 아브라함이 세운 것이다. 예언자
아브라함이 신전을 올리고 마음에 드는지 살펴보기 위해 주위를 돌
면서 살펴보았다. 그곳을 찾은 사람들이 이 신전을 시계반대 방향으
로 도는 것은 바로 이러한 아브라함의 전통에 따른 것이다. 나도 그
들 사이에 끼어 그들처럼 일곱 바퀴를 돌아보았다. 그곳을 꽉 채운
수많은 인파로 단 한발자국도 앞서갈 수 없고 뒤로 물러설 수도 없

었다. 그들이 흑석(hajar aswad)에 입을 맞추면 나도 그들을 따라 그렇게 해보았다. 예언자 무함마드가 그렇게 했기 때문이다.

정통 칼리파 시절 제2대 칼리프였던 우마르는 이 흑석을 부숴버리고 싶다고 했다. 그렇지만 예언자 무함마드가 그렇게 했기 때문에 그도 그리한다고 했다. 그들이 예언자 아브라함이 멈추어 섰던 장소(maqam Ibrahim)에서 기도를 하면 나도 그렇게 따라 했고, 예언자 아브라함의 후처 하갈이 낳은 자식 이스마엘이 마시고 살아날 수 있었다는 잠잠 샘의 물을 마시면 나도 따라서 마셨다. 하갈이 이스마엘에게 먹일 물을 찾아 두 언덕 사이를 오갔던 것을 기리기 위해 그들이 그렇게 할 때면 나도 그렇게 해보았다. 비록 그들이 하는 것을 보고 흉내 낸 것에 지나지 않았지만 그들의 경건한 자세와 표정에서 마음을 울리는 무엇인가를 느낄 수 있었다.

이슬람교 신자라면 일생에 한 번 이상은 메카에 반드시 순례(hajj)를 해야 한다. 예언자 무함마드는 이 하람 예배당에서 예배를 하게 되면 메디나에 있는 예언자 예배당과 예루살렘에 있는 아끄사 예배당을 제외한 지구촌 어느 이슬람 예배당에서 예배하는 것보다 10만 배의 축복과 보상을 더 받는다고 설파하면서 이곳으로 순례 가기를 장려했다. 그것도 모자라서 메카 성지순례를 의무화했다. 이 말에 근거한다면 메카에서 한 번만 예배를 해도 10만 번의 예배를 드린 것과 같고, 보통 하루에 5회의 예배를 하므로 2만 일, 54년 동안의 예배를 본 것이나 다름이 없다. 실제로 이런 계산이 이슬람신 자들에게 어떻게 들릴지는 모르겠지만 그들에게는 대단히 매력적인 이야기일 듯했다.

S서기관은 나를 로마의 교황청에 버금간다는 전세계이슬람총연맹 본부를 구경시켜준 다음 연맹의 최고 지도자의 집으로 안내했다. 나중에 알게 된 사실이지만 그분의 위상은 가톨릭의 교황에 해당하는 것이었다. 외교채널을 통해 미리 약속된 방문이어서인지 길고 하얀 수염을 한 인자한 모습의 까자즈 총재가 우리 일행을 반갑게 맞아주었다. 내가 본 그분의 첫인상은 초상화에서 본 예수님의 모습과 흡사해 보였다. 그분과 함께 한 오찬에는 먹음직스런 양 뒷다리 통구이와 구수한 냄새의 밥이 올려져 있었는데 나의 입과 코를 자극했다. 생에 처음 맛보는 양고기였다.

한국 일행 외에도 다른 국가에서 온 손님들이 자리를 함께 하고 있었다. 식사 후 총재께서 손님들에게 이런저런 말씀을 하셨지만 언어의 장벽으로 인해 그분의 말씀을 알아들을 수 없었던 점이 아쉬울 뿐이었다. 다른 일정이 있으셔서 그분과 긴 시간을 가질 수 없었다. 하지만 유학생 신분으로 그분을 뵐 수 있었다는 것은 로마에 간 한국 유학생이 교황을 뵙고 그분과 함께 식사를 했을 때의 기분과 다르지 않았을 것이다.

메디나와 이슬람력의 기원

메카 방문을 마치고 이슬람의 두 번째 성지 메디나(medina)에 도착했다. 그날은 마침 크리스마스였다. 한국이나 서구였다면 거리가 화려하게 장식되고 신나는 캐롤이 울려 퍼지며 젊은이들이 넘쳐날 시기이지만 메디나 사람들 대부분은 크리스마스가 무엇인지도 모르는 것처럼 무덤덤한 분위기였다.

메디나는 제다에서 북쪽으로 450킬로미터 거리에 있었다. 예언자가 메카 사람들의 박해를 받아 서력 622년에 이곳으로 오기 전까지는 야스립(yathrib)이란 이름을 갖고 있었다. 예언자를 따라 이곳으로 이주해 온 메카 무슬림들을 가리켜 '이주민'(al muhajirin)이라 했고, 예언자를 지지하고 지원한 메디나 사람들은 '후원자'(al ansari)라 불렀다. 이슬람학자들은 예언자 무함마드를 어두웠던 무지의 시대에 길을 밝혀준 빛으로 묘사했는데, 이러한 이유로 '빛나는 도시'(al madinah al munawwarah)로 이름이 바뀌었다.

메디나는 예언자 무함마드가 10년 동안 알라의 계시를 받은 곳이자 최초의 이슬람공동체(ummah islamiyah)로 발전한 도시다. 아라비아 반도에 이슬람을 전파하는 거점이었으며, 아부바크르·우마르·오스만·알리에 이르는 4대 정통 칼리프 시절 동안에는 최초 이슬람국가의 수도였다.

632년 예언자 무함마드가 세상을 떠나고 그의 시신은 아내 아이샤와 함께 살았던 집에 묻혔다. 그런데 예언자 성원(聖院)이 확장되어가면서 그의 무덤은 성원 내부로 들어가게 되었다. 이슬람의 장례 문화는 시구(屍軀)의 이장(移葬)을 혐오하기 때문에 무함마드의 무덤은 오늘날까지 예언자 성원 내부에 있다. 이 성원을 찾는 무슬림은 무덤 앞에서 그의 명복을 비는 기도를 드린다.

메디나는 메카에 이은 두 번째 이슬람의 성지다. 이곳도 메카처럼 알라를 믿는다는 증서가 있어야 들어갈 수 있다. 그러나 엄격한 메카 검문소에 비하면 메디나 검문소의 상황은 한가했다. 경비초소를 지키고 있는 경찰복 차림의 한 경비원 모습은 풀을 뜯으며 오가는

메디나 예언자 성원. 무함마드는 이곳에서 예배를 드리면
1000배의 축복과 보상을 더 받는다고 설파했다. 또한 무함마드가 메카를 떠나
메디나에 도착한 622년은 이슬람력 원년이기도 하다.

사람들을 쳐다보는 온순한 사슴처럼 보였다. "앗살람 알라이쿰" 한
마디로 경비초소를 지날 수 있을 정도였다.

이슬람교 신자의 메디나 방문(jiyarah)은 의무사항은 아니다. 그
러나 예언자 무함마드는 예언자 성원(masjid al nabawi)을 방문해
예배하면 메카의 하람 성원과 예루살렘의 아끄사 성원을 제외한 지
구촌 어느 곳에서 예배하는 것보다 1000배의 축복과 보상을 더 받
는다고 설파했다. 지구촌 방방곡곡 먼 길을 달려 메카를 찾은 순례
자들이라면 메디나 방문을 빠뜨릴 리 없어 보였다.

메디나는 이슬람력(曆)과 밀접한 관계를 갖고 있다. 이슬람은 메
카 사람들의 박해를 피해 예언자 무함마드가 메카를 떠나 메디나에

도착한 622년을 이슬람력의 원년으로 삼는다. 예수가 탄생하는 해가 서력의 원년으로 채택된 것처럼 예언자 무함마드의 탄생일인 570년을 원년으로 삼자는 주장과 그가 사망한 632년을 원년으로 삼자는 주장이 있었다. 하지만 622년이 이슬람력 원년으로 채택되었다. 메카 사람들은 예언자를 박해했지만 메디나 사람들은 그를 지지한 것이 이유다. 2012년 1월 1일은 이슬람력으로는 1433년 2월 (사파르) 7일이 된다.

이슬람력은 태음력이다. 우리의 음력은 윤달을 두고 있지만 이슬람력에는 『꾸란』의 가르침에 따라 윤달이 없다. 한 달을 29일 또는 30일로 하고 1년을 열두 달로 하기 때문에 이슬람력의 1년은 354일이다. 그러다보니 태양력보다 11일가량 짧다. 그래서 이슬람력은 태양력보다 매년 11일씩이 빨라지는 결과를 가져온다. 그 결과 모든 이슬람국가 또는 전 세계 모든 무슬림의 고유명절은 매년 11일씩 빨리 온다. 우리의 고유명절인 추석과 설날이 음력을 따르는 것과 다를 것이 없다. 그러나 국경일만은 태양력을 따른다.

금지된 성지, 예루살렘

2003년 8월 6일 명지대학교 성지 순례단 일원으로 예루살렘을 방문했다. 예루살렘을 아랍어로는 '마디나틀 꾸드쓰'라고 부른다. '마디나트'는 도시란 뜻이요 '꾸드쓰'는 신성함이라는 뜻을 갖고 있다. 신성한 도시라는 의미다. 그뿐만 아니라 예루살렘을 '바이틀 무깟디쓰'라고도 부른다. '바이트'는 집, '무깟디쓰'는 신성하다는 뜻으로 신성한 집이란 말이다. 예루살렘은 우리에게 기독교의 성지로 많이 알려져 있다. 그러나 이곳은 또한 이슬람교의 성지이기도 하다.

이슬람교 신자가 예루살렘의 아끄사 예배당을 방문하는 것도 메디나 예언자 성원 방문하는 것처럼 선택 사항이다. 그러나 예언자 무함마드는 아끄사 성원을 방문해 예배하면 앞서 언급한 두 곳을 제외한 지구촌 어느 장소에서 예배하는 것보다 500배의 축복과 보상을 더 받는다고 설파하면서 이슬람교 신자의 방문을 장려했다.

예루살렘은 『꾸란』에 등장한 예언자들의 고향이고 『꾸란』에 의해 메카로 전화되기 전까지는 이슬람교 신자의 예배방향(qiblah)이었다. 예언자 무함마드가 메카에서 천사 가브리엘이 준비한 바라크(barak)라 불리는 백마를 타고 밤 여행(isra)을 떠났다가 다시 하늘 여행(miraj)을 마치고 돌아온 장소다.

밤 여행은 예언자 무함마드가 메카에 있을 때 백마를 타고 하룻밤 동안 예루살렘으로 여행한 것을 말하며 하늘여행은 예루살렘에서 일곱 개의 하늘을 여행하고 돌아온 것을 말하다. 이 하늘 여행에서 첫 번째 하늘에서는 아담을 만나고, 두 번째 하늘에서는 세례 요한과 예수를, 세 번째 하늘에서는 요셉을, 네 번째 하늘에서는 에녹을, 다섯 번째 하늘에서는 아론을, 여섯 번째 하늘에서는 모세를, 그리고 일곱 번째 하늘에서는 아브라함을 만났다고 『언행록』에 기록되어 있다.

이러한 이유로 예루살렘이 이슬람교의 세 번째 성지가 된 것으로 보인다. 이곳은 메카와 메디나와는 달리 알라를 믿는다는 증서가 없어도 들어갈 수 있다. "앗살람 알라이쿰"도 필요 없다. 지금은 이스라엘이 점령하고 있기 때문에 이슬람 신자조차도 마음대로 드나들

이슬람교의 세 번째 성지 예루살렘에 있는 황금돔성원.
이스라엘이 점령하고 있는 이곳은 유대교와 이슬람교의 비극적인 역사와
첨예한 대립을 보여주는 장소다.

기가 어렵기 때문이다.

역사적으로 보면 정통 칼리파 시절 제2대 칼리프 우마르가 예루
살렘을 정복하고 야곱이 알라와 대화를 나누었다는 돌 반석 위에서
예배를 한 후 그 위에 조그마한 이슬람 예배당을 세웠다. 그 후
1099년 예루살렘은 십자군에게 넘어갔다가 살라딘(Saladin, 1138~
93)에 의해 다시 이슬람의 통치권으로 넘어간다. 그런데 제1차 세
계대전 중이었던 1917년, 영국이 예루살렘을 점령한 뒤 팔레스타인
지역을 위임통치하며 유대인 국가건설을 선언하고 지원함으로써

오늘날의 이스라엘이 건국된다.

유대교·기독교·이슬람 3대 종교의 성지인 예루살렘은 1947년 UN 총회에서 국제관리하에 두기로 결정된다. 그러다 1967년에 일어난 제3차 중동전쟁에서 이스라엘이 승리하면서 팔레스타인 땅은 분할된다. 이스라엘은 동(東)예루살렘을 점령해 제1차 중동전 당시부터 점령하고 있던 서(西)예루살렘과 합친 후 예루살렘을 이스라엘의 수도로 규정했다.

유대인은 다윗 왕과 솔로몬 왕이 예루살렘을 통치하고 그곳에 유대성원을 세웠다는 것을 근거로 역사적으로 예루살렘이 자신들의 수도라고 주장한다. 한편 팔레스타인 사람들은 유대인이 처음부터 팔레스타인 땅에 살아온 민족이 아니었으며 솔로몬 왕이 예루살렘에 입성하기 2000년 전부터 팔레스타인 부족이 살아온 땅이라는 것에 근거해 예루살렘을 찾기 위한 투쟁을 계속하고 있는 것이다.

또한 팔레스타인의 예루살렘은 기독교의 성지이면서 이슬람의 성지이기도 하다. 서로 종교적 성도(聖都)로 주장하고 있는 예루살렘 문제는 기독교와 이슬람교가 풀어야 할 중요한 과제다. E.A. 스페이서 교수는 유대인과 아랍인의 다양한 주장을 제시하면서 이 문제를 다루고 있다. 그가 인용한 아랍인의 주장은 이렇다.

팔레스타인 땅은 A.D. 7세기부터 계속해 아랍인 수중에 있어왔다. 1948년까지 절대다수의 아랍인이 이곳을 지켜오면서 외세의 침략을 저지해왔다. 또한 월등히 높은 인구를 차지하고 있었을 뿐만 아니라 아랍 무슬림들의 신성한 주거지였다.

황금돔성원을 바라보고 있노라면 이곳이 이슬람교 성지라는 느낌이 든다. 그러다 그 아래 귀퉁이에 있는 통곡의 벽 앞에서 기도하는 유대교인들을 보면 종교의 지평선이 펼쳐진다. 그러나 같은 신을 모시는 두 종교는 결코 섞이지 않고 서로를 경계하며 위협한다. 무장한 이스라엘 군인의 모습은 이곳이 성지임에도 전쟁터의 한가운데라는 것을 보여주고 있었다.

알라의 집, 카으바 신전

메카에 있는 하람 성원 중앙에 카으바 신전은 『꾸란』이 새겨진 검은 천으로 덮힌 정육면체의 석조 구조물이다. 카으바 신전은 알라의 집, 전쟁과 살생이 금지된 신성한 집, 가장 오래된 집, 일곱 번째 하늘에 있는 집으로 불리고 있다.

이것은 세상이 창조되기 2000년 전에 천사들에 의해 하늘에 세워진 알라의 집(bait Allah)으로 이 집은 현재까지 바이트 알마으무르(al bait al ma ur)란 이름으로 천국에 존재한다고 한다. 아담이 천국에서 지상으로 내려와 첫발을 디딘 지점에서 감사의 예배를 드리고 그곳에 그것과 동일한 모습으로 세운 것이 바로 카으바 신전의 기원이었다는 설과, 아담이 창조되기 전 천사들에 의해 세워졌다는 설, 아담의 아들 쉬스(Shish)가 최초로 지었다는 설 등이 있다. 그러나 『꾸란』 문헌으로 나타난 현재의 카으바 신전 건립자는 예언자 아브라함과 그의 아들 이스마엘이다. 건물이 완성되자 알라는 아브라함에게 믿는 자들로 하여금 이곳을 순례하도록 명령을 내렸다.

알라의 집에 들어가는 문(bab al ka ah)은 무슬림으로부터 가장 사랑받고 존경받는 자비의 문이다. 이 문 앞에서 행하는 모든 예배와 기도는 그 자리에서 성취된다고 한다. 출입은 통제된다. 1943년 사우디아라비아의 압둘아지즈 알 사우드 국왕 시대에 들어와 신전을 보호할 목적으로 이 문에 자물쇠가 채워지고 열쇠는 하람 성원을 관리하는 슈아이비 가문이 보관하고 있다.

예언자 아브라함 이전부터 현재의 카으바 신전 터에 바쳐진 보화들이 지하에 묻혀 있었는데 아브라함과 그의 아들 이스마엘이 카으바 신전을 세우면서 이것을 발견하고 모두 파냈다. 그 후 한 아랍 부족의 지도자가 카으바 신전 안에 우상을 모셔놓고 사람들에게 우상숭배를 가르치면서 이 우상들의 중재를 통해서 알라께 가까이 갈 수 있다고 했다. 그는 메소포타미아 하이트 지역에서 후발(hubal)이라 불리는 큰 우상을 가져와 이 안에 모셨다. 동정녀 마리아와 아기 예수의 초상화도 새겨놓고 신으로 섬겼다. 그 후로 이곳을 비롯한 아라비아 반도 전역에 우상숭배가 보편화되면서 각 부족들은 이 신전 안에 각 부족의 신들을 모시는 특권과 독특한 순례의식을 가지게 되었다.

1990년 9월 10일, 내게 알라의 집에 들어가 볼 수 있는 첫 번째 기회가 주어졌다. 이라크가 쿠웨이트를 점령했을 때 쿠웨이트 해방을 위한 걸프전회의가 메카에서 개최되었고 나는 사우디아라비아 정부 초청 한국 대표로 이 회의에 참석했다. 두 번째 기회는 1998년 메카에 본부를 두고 있는 전세계이슬람총연맹 최고회의 위원으로 추대되어 임명장 수여식에 참석했을 때였다. 하람 성원은 항상 소순례(umrah)를 위해 이곳을 찾은 순례자와 예배하는 신자들로 붐비

카으바 신전(왼쪽)과 알라의 집으로 통하는 문(오른쪽).
카으바 신전은 알라의 집으로 불린다. 이곳에 들어가기 위해서는 문을 지나야 하는데
일반인의 출입이 통제되고 있다. 메카의 카으바 신전은 무슬림이면 누구나
다가갈 수 있지만 신전 안에는 허락된 사람만이 들어갈 수 있다.

기 때문에 카으바 신전에 들어가 보는 것은 하늘의 별 따기처럼 어
렵다. 초청을 받는 자가 아니고는 불가능한 일이다.

특히 첫 번째 방문이 기억에 남는다. 이른 새벽 시간이었다. 초청
자 이외의 사람이 접근하는 것을 차단하기 위해 하람 예배당을 지키
는 경호원들이 자신들의 몸으로 둘러싸 만든 통로를 따라 삼엄한 경
호아래 사다리를 타고 카으바 신전 안에 들어갔다. 초청받은 여러
국가의 장관들을 비롯해 각 국가의 대표들은 명예와 지위와 예의를
던져버리고 신전에 먼저 들어가기 위해 서로를 밀치며 경쟁을 벌였
다. '알라의 집'에 남보다 먼저 들어가보고 싶은 신앙적 갈망이 빚어

사우디아라비아와의 인연으로
카으바 신전에 들어갈 수 있는 기회를 얻었다.
가톨릭의 교황청 격인 전세계이슬람총연맹에서
발행한 출입증이 없다면 고위인사라도
출입이 제한된다. 나는 한국인 최초로
이곳에 들어가는 행운을 얻을 수 있었다.

낸 촌극이었다. 사실 나도 마찬가지였다. 내 경우는 혹시라도 들어
갈 수 있는 기회를 놓치지 않을까 하는 염려가 더 컸기 때문에 그들
과 몸싸움을 벌여야 했다.

예배당 내부의 벽과 바닥은 대리석으로 치장되어 있었다. 천장에
는 금과 은으로 만들어진 두 종류의 램프만 걸려 있었다. 그중의 한
종류는 아주 오래된 것처럼 보였다. 한쪽으로 아로마(aroma)같은
향료가 놓인 조그마한 테이블 같은 것이 하나 있었다. 내부 벽 사방
은 커튼으로 가려져 있었는데『꾸란』의 문구들이 기둥과 벽과 커튼
에 새겨져 있었다. 내부는 대략 50명 정도를 수용할 수 있었다. 당
시 나를 포함해 그 안에 들어간 각국 대표단 숫자가 47명 정도였는
데 공간이 모자라지도 넘치지도 않았다.

통곡의 벽 앞에서『토라』를 읽고 울음을 터뜨리는 유대교인처럼
이곳에 들어온 장관을 비롯한 각 국가의 대표들도 벽 쪽을 향해『꾸

란』을 외우고 절을 하고 울음을 터뜨렸다. 이것을 지켜보면서 예언자 무함마드가 남긴 말이 머리에 떠올랐다.

여러분이 알라를 보고 있는 것처럼 알라를 경배하시오.
만일 여러분이 알라를 보지 못한다고 해도
알라께서 여러분을 지켜보고 있습니다.

카으바 신전은 살아 있는 무슬림의 예배 방향이기도 하지만 죽은 자의 얼굴이 향하는 방향이기도 하다. 임종이 확인되면 오른쪽으로 누워서 자는 것처럼 고인의 얼굴을 카으바 신전 방향으로 돌린다. 카으바 신전 밖에서는 카으바 신전을 향해 예배한다. 반면 내부에서는 밖을 향해 예배를 드린다. 카으바 신전은 전 세계의 이슬람정신이 모이는 곳이자 이슬람의 정신이 전 세계로 퍼져나가는 시발점인 것이다.

6

태양이 사라져도 살아남을 수 있다는 사람들

"이곳 사우디아라비아 사람들은
비록 태양이 사라진다 해도 살아남을 수 있을 것입니다.
태양이 사라진다면 곧 이 세상의 종말이 오겠지요.
종말이 되면 전 세계 무슬림이
자신들의 모든 자산을 처분한 돈을 가지고
메카로 순례를 올 테니까요."

맹인 총장, 장관, 단체장, 아나운서

1976년말 유학생활을 시작한 지 채 1개월도 되지 않았을 때다. 대학 강당에서 행사가 있다는 소식을 듣고 기숙사 룸메이트를 따라 행사장으로 갔다. 총장님이 대학에 오실 시간이 없는데 나오신 것은 새로운 소식이 있을 것이라는 이야기도 들었다. 그때에야 알게 된 사실이지만 내가 다닌 대학교의 총장은 비상근이었던 것이다. 강당 좌석은 학생들로 가득 차고 단상 위의 의자는 교수들과 외빈들로 채워졌을 때 어떤 사람이 색안경을 쓰고 부축을 받으며 단상으로 올라왔다. 나는 그분이 연로하거나 몸이 불편해서 뒤늦게 단상에 오른 것으로 생각했다. 그런데 그분이 앉은 자리는 단상 중앙의 의자였다.

조명으로 보아 전혀 색안경을 쓸 필요가 없는데 색안경을 쓰고 있었고 연설을 할 때도 색안경을 벗지 않았다. 나는 그의 연설 내용을 이해하지 못했지만 이윽고 학생들이 "알라후 아크바르"(Allah Akbar: 알라는 가장 위대하다)라고 외치며 박수를 치는 것을 듣고는 연설이 끝났다는 것을 짐작했다. 강당을 빠져나오면서 동료에게 색안경이 필요하지 않은 실내에서 그리고 색안경을 쓰고 연설한 그의 모습이 마음에 들지 않았다고 했다. 그러자 그 동료는 몰라도 너무 모른다는 표정으로 그분이 누구인지도 모르고 어떻게 사우디아라비아에 유학을 왔느냐고 했다.

그는 바로 이 대학교 총장이자 사우디아라비아 이슬람법 해석 최고 권위자(mufti)인 셰이크 빈 바스(sheik Bin baz)였다. 그 동료는 그가 앞을 보지 못하는 맹인이라 색안경을 쓰고 있는 것이라고 일러

타하 후세인은 맹인임에도 뛰어난 재능을
바탕으로 훌륭한 업적을 남겼다.
맹인이 정부 관료나 장관이 되는 것이
거의 불가능한 우리나라와는 달리
이슬람에서는 맹인이라고 해서 무시당하지 않는다.

주었다. 그에 따르면 빈 바스 총장의 지위는 우리의 대법원장과 서
울대학교 총장을 겸직하는 것과 같았다. 이 말을 듣고 더 이해가 가
지 않았다. 맹인이 대학교 총장에 대법원장까지 된다는 것을 상상도
할 수 없었다.

왕립이슬람대학교 총장이면서 이슬람법 대법원장이었던 셰이크
빈 바스는 세상을 떠났다. 그 후임에도 역시 맹인인 압둘아지즈 알
셰이크가 임명되어 현재까지 대법원장을 맡고 있다. 게다가 그는 메
카에 본부를 둔 전세계이슬람총연맹 이사회 이사장으로서 이슬람
세계의 대표자 역할을 하고 있다.

아랍에는 내 상식을 벗어난 일이 많았다. 내게 감명을 준 『세월』
(al ayiam)의 저자 타하 후세인(Taha Husein, 1889~1973)은 또
다른 충격이었다. 그는 1889년에 태어나 두 살이 되기도 전에 눈병

174

에 걸려 맹인이 되고 말았다. 그럼에도 그는 아홉 살이 되기 전에 604쪽에 달하는 『꾸란』 전 분량을 여러 번 암기했다. 그리고 이집트의 아즈하르 대학교에서 이슬람학을 공부하다가 이집트 대학교로 옮겨 아랍문학을 전공하며 이 대학 최초의 박사학위를 받았다.

그는 정부 파견으로 프랑스에서 유학을 하고 이집트인으로서는 최초로 소르본 대학의 박사학위를 받았다. 그는 맹인임에도 뛰어난 암기력과 강한 의지, 도전정신, 인내심을 가지고 있었다. 같은 학교에서 수학한 프랑스 여성과 결혼한 사건은 인종과 종교를 넘어설 정도로 그의 인격과 재능이 뛰어났음을 말해준다.

더 놀라운 것은 귀국한 후 대학에서 강의를 하다가 교육부 장관으로 취임한 것이다. 그가 교육부 장관이 되어 가장 먼저 취한 조치는 무상교육 정책이었다. 알라께서 공기와 물을 누구나 마실 수 있도록 한 것처럼 국가는 재산에 상관없이 누구에게나 배울 수 있는 기회를 공평하게 주어져야 한다고 주장했다. 그러자 사립학교 관련자들이 이에 반대하면서 그의 집무실을 찾아와 그를 조롱했다. 장님이 세상을 볼 수 없으니 학생들도 미래를 보지 못하는 장님으로 만드는 교육정책을 실시하려 한다고 비난한 것이다. 그러자 그는 하늘을 향해 이렇게 말했다.

"알라여! 너무나 감사합니다. 저런 무지한 자들을 보지 않도록 저를 장님으로 만들어준 당신께 진실로 감사할 뿐입니다."

그의 무상 교육정책이 성공을 거두면서 학교 문턱에도 갈 수 없었던 다수의 빈곤층 자녀들이 학교를 다닐 수 있게 되었다. 이집트 교육수준이 높아지면서 학자와 교사들이 많이 배출되어 교육수준이 낮은 다른 아랍 국가들의 초기 교육발전에도 이바지하게 되었다.

사우디아라비아 콰티마 항구에 항만공사를 하고 있던 한국의 D사 소속 설계사 네 명이 무슬림이 아니면 들어갈 수 없는 제2의 성지 메디나를 들어갔고 이들을 본 한 메디나 시민의 경찰에 신고하면서 체포된 일이 있었다. 다급해진 D사는 내게 협조를 요청했다. 나는 이들을 석방시키기기 위해 정보를 모으다 셰이크 오베이드(sheik Obeid)라는 분을 찾아가 그분의 도움을 받으라는 말을 듣고 곧바로 그분을 찾아갔다. 그런데 그 역시 맹인이었다. 그는 당시 메디나 지역 이슬람 관련 단체장으로 D사의 설계사들을 석방시키는 데 도움을 주었을 뿐만 아니라 경찰, 교수, 사회인사 등 15명으로 구성된 단원을 인솔하고 300킬로미터 거리에 있는 D사의 공사현장을 방문해 그들을 위로했다. 맹인이지만 대단히 활동적이고 열정적인 삶을 사는 사람이었다.

이슬람에서는 심지어 아나운서 중에도 맹인이 활약한다. 사우디아라비아 국영 사우디 텔레비전의 생방송 진행자 압둘 무흐신도 맹인이다. 국영 텔레비전에서 맹인 아나운서를 쓰다니, 한국에서는 상상하는 것 자체가 비상식적인 일이다.

이처럼 맹인이 이슬람세계에서 정부 고위직을 비롯한 사회 각 분야에서 차별받지 않는 것은 정치적 배려도 있지만 헌법과 실정법의 역할을 하고 있는 『꾸란』이 이슬람사회에 미치는 영향 때문이다. 우리나라에서 법을 공부한 사람이 법조계에 종사하는 것처럼 이슬람사회에서는 『꾸란』에 대한 지식과 상식이 풍부한 사람들이 법조인이 될 수밖에 없다. 부모를 기쁘게 하고 가문을 빛나게 하는 일 또는 부모가 주위 사람들로부터 칭찬과 대접을 받게 하는 것 중에 하나도 『꾸란』을 암기하는 자손을 두었느냐에 달려 있을 정도다.

맹인들은 『꾸란』을 암기하기에 불리하지만은 않다. 맹인들은 일반적으로 일반인들보다 청각이 예민하다. 『꾸란』을 암기하는 것은 곧 암송하는 것이므로 맹인들도 노력하면 충분히 도전해볼 수 있다. 셰이크 빈 바스, 타하 후세인, 압둘 아지즈, 압둘 무흐신 등은 모두 『꾸란』을 암기했고 높은 지위에 올라갔다. 이슬람세계가 아니면 있을 수 없는 일들이다.

친구를 믿거든 친구의 친구도 존중하라

1999년 한국과 쿠웨이트 사이의 문화교류 협력방안을 모색하기 위해 쿠웨이트를 방문했을 때였다. 나와 함께 초청된 한국인 일행 한 분과 함께 해가 질 무렵 안내자의 안내를 받으며 길을 건너고 있을 때 "끼익~" 하는 자동차 급브레이크 소리와 함께 무언가가 쾅 하며 내 앞에 떨어졌다. 내 뒤를 따라오던 그 일행이 차를 피하지 못하고 치였던 것이다. 안타깝게도 그는 그 자리에서 숨을 거두고 말았다.

그는 응급차에 실려 병원에 안치되고 나는 사망소식을 고인의 가족에게 알렸다. 그런데 고인의 가족은 나에게 시구의 운반을 간곡히 부탁해왔다. 가족이 쿠웨이트를 방문하더라도 언어장애나 다른 문제로 시구운반이 오히려 더 지연될 수 있다는 이유에서였다. 머나먼 타국 땅에서 불의의 사고를 당한 동포를 그대로 두고 귀국하기에는 마음이 무거웠다. 하지만 아무리 이슬람권에서 오래 생활을 했다고 해도 어떤 절차를 밟아야 시구운송이 가능하며 이에 따른 비용문제는 어떻게 해결해야 할지 당황스럽기만 했다. 그중 비용문제가 가장 풀기 어려웠다. 시신 인수를 위해 일가족이 쿠웨이트에 와서 시신을 한국에 가져가려면 비행기 값과 운송비용, 시간이 얼마나 걸릴지 짐작하기 힘든 상황이었다.

인샤알라, 결과는 알라의 뜻에 맡기고 평소에 나와 친분이 있었던 쿠웨이트인 세 분께 전화해 상황을 설명하고 자문과 도움을 구했다. 한 분은 오래전부터 알게 된 알리 무타와(Sheik Ali A. Mutawa)라는 어른(sheik)이었고, 한 분은 상거래를 위해 한국을 찾았을 때 알게 된 압둘아지즈 자이드(Abdulaziz al Zaid) 사장, 그리고 다른 한 분은 학문교류로 알게 된 바드르 알마스(Badr al Mas) 쿠웨이트 대학교 교수였다. 연락을 받은 이 세 분 중에 두 분이 경찰서에서 사건경위에 대한 조사를 통역하고 있는 나를 찾아와 도움을 주기 시작했다.

다음날 아침부터 연세가 많은 알리 무타와 어르신은 경비지원에 동참하고 두 분은 교대로 나와 동행하면서 관련기관과 부처에 연락을 취하며 문제해결 방법을 물었다. 제일 먼저 사건에 대한 경찰조사의 보고서가 필요했고 그다음으로는 병원으로부터 시신 운송을 위한 보건복지부 허가, 시신 해외 운송을 위한 외무부의 허가, 그리고 주 쿠웨이트 한국 대사관의 시신 확인 후 관인을 받는 절차를 거친 후 시신 운송을 위한 컨테이너를 구입하고 비행기를 예약을 했다. 한국-쿠웨이트 간에 직항로가 없어 다른 나라를 경유해야 하는데 시구를 운송할 경우에는 경유지에서 여섯 시간이 초과되면 국제

법상 비행기 예약이 불가능하다는 것도 그때 알게 되었다. 시구가 부패될 수도 있기 때문이었다.

세 분의 도움은 여기서 그치지 않았다. 병원비를 비롯해 시구를 안치할 관 구입비, 시구가 안치된 관을 담을 컨테이너와 항공권 구입비 등 많은 경비가 필요했다. 그런데 유가족은 이런 비용을 감당할 수 있는 형편이 아니었다. 이런 사정을 이 세 분에게 말씀드리자 세 분은 딱한 사정을 이해했는지 지인들에게 전화연락을 취하면서 도움을 청하기 시작했다. 그 결과 아우까프(awqaf) 및 이슬람부처 장관이었던 유스프 하지(Yusuf Hajji) 어른을 비롯한 여러 쿠웨이트 사람들이 소요경비를 지원해줘서 시구 운송에 들어간 모든 경비가 충당되었다. 그뿐만이 아니었다. 경비를 충당하고 남은 돈까지 나에게 건네주면서 유가족에게 전달해달라고 한 것이다. 이렇게 해서 고인의 시구는 한국으로 운송되어 안장되었다.

고인에 대한 세 분의 헌신은 이것이 전부가 아니었다. 2000년 2월 23일 내가 소개한 고인의 가족을 위해 자이드 사장과 알마스 교수가 위로금을 보내왔다. 자이드 사장은 교통사고 보험청구 소송을 위해 봉사해줄 쿠웨이트 변호사 한 분을 찾았다는 소식과 함께 이 변호사가 요구하는 관련 서류를 준비해 아랍어로 번역한 후 주한 쿠웨이트 대사관의 공증을 받아 보내라는 조언을 해주었다.

이것은 유가족에게는 좋은 소식이지만 사실 내게는 엄청난 부담이었다. 경비가 문제가 아니라 소송과 변호에 필요한 문서를 한글과 아랍어로 번역해야 하는 일이었기 때문이다. 장기간에 걸쳐 이 일을 계속하기에는 일정도 바빴고 마음의 여유도 갖기 힘들었다. 처음에는 피하고 싶었다. 시신을 국내로 운송할 때까지 도와준 것만 해도 할 도리는 다했다는 생각도 들었다. 그런데도 그들은 시신 운송에서 일을 끝내지 않고 마무리까지 도움을 주려는 모습을 보인 것이다. 이들이 한번도 본 적 없는 고인을 위해 왜 이렇게까지 하나 하는 생각이 들 정도였다. 결국 거절할 수가 없었다. 고인과 고인의 가족을 위해 저토록 헌신하고 있는 까닭이 나로 인한 것임을 알았기 때문이다.

소송은 사고 발생 후 5년이 지나서야 마무리되었다. 2005년 8월 4일 상당한 금액의 교통사고 사망보험료가 유가족에게 전달되었다. 아랍인들이 이슬람의 영향을 받아 친구를 소중히 여긴다는 말을 들어본 적은 있었지만 이런 경험은 처음이었다. "친구를 믿거든 친구의 친구도 존중하고 친구가 배반하지 않는 한 먼저 친구를 버리지 말라"는 이슬람의 가르침에 따라 내가 소개한 고인을 위해 정신적 · 물질적으로 도움을 준 그들의 모습에서 나는 눈시울이 뜨거워질 수밖에 없었다.

카타르에서 느낀 사막의 온정

2011년 2월 23일 오후에 국제전화가 걸려왔다. 주한 카타르 알리 하마드 알마르리(Hamad al Marri) 대사가 업무 차 본국에 들어가서 전화를 한 것이다. 카타르 아우까프 및 이슬람 관련 부처 장관이 며칠 후면 해외 순방길에 오르게 되니 나더러 최소한 27일까지, 가능하면 그전에 카타르에 들어와달라는 것이었다. 한국의 D대학교에서 제출한 문화사업 후원에 관한 카타르 정부의 승인을 받기 위해서였다. 일반적으로 2~3일은 걸려야 비자를 받을 수 있는데 일정을 맞출 수 있을까 하는 걱정을 안고 일단 카타르 대사관으로 달려갔다.

담당 외교관은 여권과 사진 한 장을 달라고 했다. 하지만 한국에서 평소에 여권을 가지고 다니는 사람이 얼마나 되겠는가. 결국 다시 집으로 가서 여권과 사진을 가지고 왔을 때는 이미 퇴근시간이었다. 그럼에도 그 외교관은 끝까지 남아 비자발급은 물론 항공예약까지 해주었다. 그것도 비즈니스 클래스 왕복티켓이었다. 1976년에 사우디아라비아에 갔을 때는 여권발급에서 비자를 받기까지 두 달 정도 걸렸는데 이번에는 단 두 시간 만에 이루어진 것이다.

카타르 초청은 오랜 기간 이슬람권에서 생활한 내게도 신선한 경험이었다. 본국에 들어가 있는 주한 카타르 대사의 안내를 받아 도하에서 사우디아라비아 방향으로 약 80킬로미터 떨어진 카르야나 지역에 거주하는 베두인 족의 집으로 초대를 받았다. 근처에 있는 이슬람 성당에서 저녁예배를 마친 지역 주민 열다섯 명이 몰려왔고 집주인은 내게 그들을 소개해주었다.

음식대접은 손님인 나를 시작으로 오른쪽으로부터 시작되었다. 예수를 비롯한 예언자들이 즐겼던 '타므루'라 불리는 종려나무(일명 대추야자) 열매와 낙타 젖에서 갓 짜낸 따뜻한 우유를 시작으로 '샤이'라는 홍차가 나왔다. 열매는 사탕처럼 달콤했다. 낙타 우유는 처음 맛보는 것이라 맛이 이상할 것 같았다. 1976년부터 지금까지 아랍세계와 이슬람세계를 매년 드나들고 있지만 갓 짜낸 낙타 우유를 맛본 것은 처음이었다. 그런데 내 선입견과는 달리 일반 우유와 크게 다르지 않았다. 차이가 있다면 일반 우유보다 약간 진한 맛이라는 점이었다. 그들은 낙타의 우유가 어느 우유보다 영양가가 높고 건강에도 좋다고 했다.

술을 마시지 않고 남녀가 함께 어울리는 문화가 없어서인지 사막에 사는 베두인족은 남자끼리 만나도 천일야화를 만들어갈 정도로 이야기하기를 좋아한다. 내가 아랍어로 그들에게 인사하고 말을 하자 신기했는지 너나 할 것 없이 말을 걸어왔다. 그들은 내가 남한 출신인지 북한 출신인지와 우리나라의 이슬람교 현황 등에 관심을 보였다.

대화의 1막이 끝날 무렵 세 명의 젊은이가 쌀밥과 어린 낙타를 통째로 익힌 요리를 얹은 큰 쟁반을 들고 나왔다. 그들은 집 주인의 자녀들이었다. 아랍에서는 낙타 새끼를 통째로 요리해 대접하는 것이 손님에 대한 가장 큰 대접이라고 그 자리에 있던 한 아랍인이 귓속말을 해주었다. 나는 쟁반에 올려진 낙타 새끼 요리만 보고 있어도 금방 배가 불렀다. 고기 맛은 내가 지금까지 먹어본 고기 중에서 가장 부드럽고 입안에 착 달라붙는 느낌이었다.

식사 후 '마즐리스'라 불리는 사랑방으로 자리를 옮겼다. 여성의 사랑방이 남성출입금지 구역인 것처럼 남자 사랑방도 여성출입금지 구역이다. 후식에 해당하는 '까흐와'라 불리는 아랍 전통 커피와 달콤한 종려나무 열매가 나왔다. 여러가지 식물성 재료로 즉석에서 만들어져 나오는 커피 맛은 일종의 한약을 마시는 느낌이었지만 달콤한 종려나무 열매가 설탕 역할을 하면서 색다른 맛이 느껴졌다.

그들의 인사법은 코와 코를 맞대어 키스하는 것이다. 도시의 아랍

주한 카타르 대사(왼쪽)와 카타르 아우카프 및 이슬람부처 장관.
나는 이들과 D대학교 문화원 건립 지원문제를 협의하며 이들이 가진
한국에 대한 관심을 느낄 수 있었다.

인들은 주로 양쪽 뺨을 맞대면서 인사를 주고받는데 사막 유목인들
은 코를 맞대며 인사를 한다. 이것은 카타르 시골의 전통 인사법이
라고도 했다. 내가 자리를 뜨면서 그들의 전통 인사법에 따라 내 코
를 그들의 코에 맞대고 키스를 하자 그들은 거기에 한 수 더 가르쳐
주었다. 내 코에 자신들의 코를 대고는 양쪽으로 비벼 돌리면서 작
별인사를 한 것이다. 어색했지만 더없는 친근감이 느껴졌다.

　카타르 사람들이 보여준 온정에 나는 빚을 진 기분이었다. 국토
면적 11,437평방킬로미터, 인구 약 200만, 그중 본국인은 90만에
불과한 소국이지만, 그들은 넓은 마음을 가지고 있었다. 그래서 나

는 나를 초청한 장관에게는 서한을 통한 문구 한 마디로 마음의 빚을 덜어보려고 했다. 우리말에 말 한 마디로 천 냥 빚을 갚는다고 하지 않았던가!

저는 지금 바다같이 넓은 카타르 아랍인들의 온정에 빠져 헤어나지 못하고 있습니다.

알라 앞에 모든 피조물은 평등하다—이슬람의 상례

2005년 8월 3일 국무총리를 단장으로 한 고(故) 파하드 국왕 조문을 위해 대한민국 조문사절단 일행으로 필리핀을 경유해 사우디아라비아의 수도 리야드에 도착했다. 조문사절단 일행은 사우디아라비아 정부에서 마련한 영빈관에서 짐을 풀고 당시 장례식 단장이었던 압둘라 왕세제를 방문해 조문을 드릴 예정이었다. 그런데 주사우디아라비아 주재 한국대사관의 외교채널을 통해 이미 장례식이 끝나 압둘라 왕세제가 조문 사절단을 영접하지 않고 왕세제를 대신해 술탄 제2부수상이 조문사절단을 맞이한다는 통보가 왔다. 여러 채널을 통해서 압둘라 왕세제에게 조문을 하려고 노력했지만 여의치 않았다.

조문사절단이 장례식 기간에 도착할 수 없었던 것은 세 가지 이유 때문이었다. 파하드 국왕 서거 소식을 접하고 서둘러 조문 사절단을 구성했지만 대통령 전용기가 없어 곧장 출발할 수가 없었던 것이 첫 번째 이유이고, 두 번째는 한국과 사우디아라비아 간의 직항로가 없어진 지 오래라 필리핀을 경유해야 했기 때문이며, 세 번째는 서구나 한국처럼 3일장이나 5일장을 치르지 않고 사망이 의학적으로 확인되면 가능한 서둘러 장례를 치르는 것이 이슬람의 장례문화이기 때문이었다.

임종이 다가오면 유족들은 알라 외에는 어떤 신도 존재하지 않는다는 "라 일라하 일랄라"를 임종하는 사람이 따라서 말할 수 있도록 유도한다. 예언자 무함마드는 임종하는 사람의 마지막 말이 "라 일라하 일랄라"였다면 그는 천국에 들어간다고 했기 때문이다.

임종할 기미가 보이면 얼굴을 메카에 있는 카으바 신전 쪽으로 두고 『꾸란』 제36장에 해당하는 「야 · 씬(ya sin)장」을 읽어 임종의 고통을 덜어주고 임종을 지키는 사람들은 조용히 좋은 말을 하는 것 외에는 슬퍼하거나 소리 내어 울지 않는다. 생명이 다하면 눈을 감겨준다. 장례식에 참석할 수 있도록 친척이나 고인의 친구, 마을의 어른에게 알리되 소리 내어 울거나 곡(哭)은 하지 않는다. 죽은 사람이 살아 있는 사람들의 곡 때문에 고통을 받을 뿐만 아니라 곡을 하는 사람은 그가 죽었을 때 그의 생전에 곡을 한 만큼 고통을 받게 된다는 예언자의 가르침에 따른 것이다. 그러나 이별의 슬픔을 이기지 못해 흘리는 눈물은 알라께서 인간의 마음속에 심어준 자비의 상징이기 때문에 자연스러운 것이라고 했다.

고인에 대한 애도기간은 대상에 따라 차이가 있다. 고인에 대한 여성의 애도기간은 3일을 넘지 말라고 했다. 그러나 남편이 사망했을 경우 4개월 10일이 지나서야 재혼이 허락되는 것으로 보아 남편에 대한 부인의 애도기간은 4개월 10일이 될 수도 있다. 고인이 남긴 부채가 있을 경우 유족들은 서둘러 고인의 부채를 상환한다. 부채로 인해 고인의 영혼이 묶여있어 유족들에 의해 그 부채가 지불될 때까지는 고인의 영혼이 쉬지 못하고 방황한다는 것이다.

남녀노소를 막론하고 시구를 세척한다. 머리에서 발끝까지 미지근한 물과 비누로 씻은 후 깨끗한 하얀 수의(壽衣)로 갈아입힌다. 실크나 명주는 수의로 사용되지 않는다. 남자는 살아 있을 때도 비싸고 고운 명주옷을 입지 말라고 했다. 고운 옷은 살아 있는 여성의 것이므로 여성의 수의로도 사용되지 않는다. 코와 귀는 솜으로 막아주며 두 발목은 나란히 묶어주고 두 손은 가슴 위에 올려놓는다. 시구를 씻는 동안 유족들은 『꾸란』「제6장」(Anʿām)을 읽는다. 전쟁에서 사망한 전사자나 메카 성지순례 중에 사망한 사람의 시신은 세척하지 않는다. 이들의 몸에 묻어 있는 모든 냄새가 심판의 날 향기로운 냄새로 발산한다는 가르침에 따른 것이다.

장지는 명당 자리가 따로 없다. 고인의 집에서 가장 가까운 이슬람 공동묘지가 장지가 된다. 상여(喪輿)는 시구를 얹을 수 있는 들것이면 된다. 사치는 살아서도 혐오스러운 것이지만 고인에 대한 사치는 더욱 혐오스러운 것이어서 꽃상여는 고인에게 큰 모독이 된다. 장례식은 근처 성원이나 상가(喪家) 또는 장지 근처 공터에서 이맘(imam: 이슬람 교단의 지도자) 또는 이슬람법에 조예가 깊은 무슬림의 주재하에 묘지로 가기 전에 이루어진다. 메카의 카으바 신전을 마주보고 시신의 머리 쪽을 오른편에, 다리 쪽을 왼쪽으로 향하게 놓고 고인의 다리 옆에 이맘이 서고 이맘 뒤에 조문객들은 3열, 5열, 7열 등 홀수 열로 서서 고인을 위한 예배를 끝으로 들것에 실려 곧장 공동묘지로 향한다. 장례예배가 끝나고 나면 조문객은 유족

2005년 8월 1일 서거한 파하드 빈 압델 아지즈 사우디아라비아 국왕의 장례식.
파하드 국왕은 관 없이 수의만 입힌 채로 묻혔고 묘에는 봉분도 묘비도 없다.

에게 인사를 한 후 일상생활로 돌아간다.

노제(路祭) 같은 의식은 고인에게 고통을 주는 행위로 간주된다. 상여는 네 사람의 가까운 친척들이 메고 가는데 중도에 다른 사람으로 교체할 수 있다. 시신을 운반하는 일은 공덕을 쌓는 일이다. 장례 행렬에 참여하는 조문객들은 '알라 외에는 어떤 신도 없으며 무함마드는 신의 사도'라는 의미를 담고 있는 "라 일라하 일랄라 무함마드 라술룰라"를 암송하면서 장지까지 걸어서 따라간다.

시신은 수평으로 안치하고 흰 천으로 가린다. 상여가 나갈 때는 누구도 상여를 앞질러 가지 않는다. 천사가 상여에 실린 고인을 앞에서 인도하고 있기 때문이다. 그러나 『꾸란』을 들고 갈 경우에는 예외다.

이슬람은 시구의 화장(火葬)을 금지한다. 『꾸란』은 죄인들이 들어갈 곳을 뜨거운 유황불이 이글거리는 불지옥으로 묘사하고 있기 때문이다. 불은 사탄이 만들어진 재료다. 알라만이 내릴 수 있는 불지옥의 징벌을, 그것도 아직 알라의 판결이 내려지기도 전에 인간이 인간을 불에 태우는 것은 알라를 모독하는 사탄의 행위일 뿐만 아니라 시신(屍身)에 고통을 주는 것으로 본다.

묘는 일반적으로 70~80센티미터 정도의 깊이로 파서 시신의 얼굴은 메카 쪽으로 향하게 해 시신을 안치한다. 관을 사용하지 않고 천이나 양탄자로 시신을 싸서 묻는다. 흙을 덮을 때는 땅의 표면보다 높게 하지 않는다. 지면(地面)에 가까운 평분(平墳)에다 고인의 이름과 『꾸란』 구절이 새겨진 조그마한 대리석이나 표지판을 세울 뿐이다.

묘소에다 집을 짓거나 비석을 세우는 것을 예언자 무함마드가 금지했기 때문에 무슬림의 무덤은 보잘것이 없다. 그러다가 후세에 들어와 왕이나 시아파 성인, 또는 시성(詩聖)의 묘를 중심으로 그 위에다 거대한 건물을 화려하게 세웠다. 그래서 묘는 성원, 궁전건물과 더불어 일종의 이슬람문화를 상징하는 건축물이 되었다. 그 대표적인 것이 이란과 이라크에 있는 시아파 12이맘의 묘를 비롯해 인도의 아그라 지역에 있는 타지마할(taj mahal)과 사우디아라비아 메디나에 있는 예언자 성원(masjid nabawi)이 있다.

매장이 끝나면 고인을 위해 다함께 『꾸란』 「제1장」(surat al fatiha)을 암송하고 다시 40보 정도 물러나서 다시 암기한다. 이때부터 죽음을 관장하는 문카르(munkar)와 나키르(nakir) 두 천사의 안내를 받으며 신앙에 대한 질문을 받는다고 한다.

장례식은 3일을 넘기지 않는다. 이슬람은 매사에 서둘지 말라고 가르친다. 서두르면 화를 자초하고 후회한다고 예언자 무함마드가 가르쳤기 때문이다. 그러나 반드시 서둘러야 하는 것이 있다. 좋은 일, 성장한 자녀 결혼시키는 일, 그리고 사람이 죽으면 서둘러 장례를 치르는 일이다. 장례기간이 길면 길수록 고인에게 고통을 주는 것으로 믿고 있기 때문에 무슬림은 지위고하를 막론하고 서둘러 장례를 치른다. 알라 앞의 모든 피조물은 평등하다는 가르침에 따라, 비록 고인의 신분이 제왕이라 할지라도 3일장을 넘지 않는다. 새벽에 임종하면 바로 그날, 오후에 사망하면 그다음 날 오전에 장례를 치르는 것이 일반적이다.

매장하고 난 3일 후에는 가족과 친지들이 산소에 가서 『꾸란』 구절을 암송하며 고인을 위해 기도는 드리되 음식이나 음료수 등은 차려놓지 않는다. 그래서 무슬림 가정에서는 우리나라에서처럼 제사(祭祀) 문화가 없다. 『꾸란』은 제사를 금지한다.

고인을 위한 것은 자신이 살아생전에 쌓아둔 업적뿐이다. 앞에서도 언급했지만 사람이 죽으면 세 가지가 남게 되는데 그중 둘은 이 세상에 남고 한 가지만 고인과 함께 할 뿐이라고 예언자 무함마드가 강조했다. 그 세 가지는 유족과 재물과 업적인데 고인과 함께 가는 것은 오직 업적뿐이라는 것이다. 고인을 위해 자손들이 할 일이 있다면 그분을 위해 기도하고 그분을 대신하여 자선을 베푸는 것이다.

천사는 개가 있는 집에는 찾아가지 않는다

1997년 12월 3일 피지에서 열린 동남아시아 및 태평양 이슬람기구 회의에 참석한 각국 대표들을 위해 마련된 만찬자리에서 중국대표와 개고기에 대한 이야기를 나눈 적이 있었다. 나는 그 대화에서 한여름의 삼복더위를 이겨내기 위해 보신탕을 찾는 일부 한국인이 있다고 했더니 중국인은 겨울의 추위를 이겨내기 위해 개고기를 즐긴다고 하면서 개고기에 대해 중국 문헌에 나오는 문장(拘肉屬熱性 冬季食用可禦寒: 개고기는 뜨거운 속성이 있어 겨울에 먹으면 추위를 막을 수 있다)을 적어주었다.

중국 사람이 개고기를 몸보신으로 애용한다는 것은 잘 알려져 있다. 궁중의 별미로까지 꼽혔다고 하니 가히 짐작이 간다. 한양대 중문과 정석원 교수에 따르면 한국에서도 옛날부터 개고기는 애호 식품이었다고 한다. 서양에서는 개를 애완동물로 간주하고 개고기를 먹는 사람을 야만인으로 취급한다.

이슬람사회에서 개는 애완동물로서 사랑도 받지 못하고 식재료로 쓰이지도 않는다. 예언자 무함마드는 개를 사자와 호랑이 같은 야수과로 분류해 먹는 것을 금지했다. 무함마드가 박해를 피해 동굴에 숨어 있을 때 개 한 마리가 짖어대 체포될 뻔했다는 일화 때문에 개를 멀리한다는 이야기도 있다. 그러나 그가 메카 사람들의 박해를 피해 숨은 곳은 메카에서 멀리 떨어진 높은 산 중턱에 있는 히라 동굴이었기 때문에 이곳에 개가 있었다고 보기는 힘들다. 무슬림이 개에 관심을 두지 않는 것은 "천사들은 개가 있거나 사람의 형상을 한 우상이 있는 집 안에는 들어가지 않지요"라고 예언자 무함마드가 남긴 말이 원인이 되었다.

그 결과 이슬람사회에서 개들은 사람의 사랑을 받지 못하고 사막에서 들개로 살아간다. 사냥개나 군견 그리고 양치기를 따라다니면서 양몰이를 하는 개들만 대접받는다.

1976년 12월 사우디아라비아 메디나 왕립이슬람대학교 정문에 도착했을 때 경찰복 차림의 경비가 어느 나라에서 왔느냐고 물었다. 한국에서 왔다고 하자, 그가 "그럼 당신도 개고기를 잘 먹겠군요. 그 맛이 어때요?"라고 물었다. 그가 이름도 생소한 한국인이 개고기를 먹는 것을 어떻게 알았을까? 나는 나중에야 그 이유를 짐작할 수 있었다.

사우디아라비아의 수도 리야드에 있는 이맘 무함마드 이븐 사우드 왕립이슬람대학교 초빙교수로 재직하고 있던 1983년 12월 9일, 그곳 교직원들과 홍차를 마시며 잠시 휴식을 취하는 시간이었다. 옆 테이블에 앉아 있던 사우디아라비아 사람들의 대화내용이 들려왔다. 한 아랍인이 말을 꺼냈다.

"얼마 전까지도 해도 새벽에 개 짖는 소리 때문에 새벽잠을 설치곤 했는데 요사이는 개 짖는 소리가 나지 않아요."

그러자 다른 사람이 이렇게 대답했다.

"수십만의 한국인이 지나 갔는데 개가 남아 있겠습니까? 한국인이 몸보신용으로 사냥을 하고 그나마 남은 개들은 한국인들이 두려워 사막 깊숙이 도망가버렸습니다."

그 후 10년이 지난 1993년 4월 26일 아프리카 대륙에 위치한 수단의 수도 카르툼에서 개최된 세계종교회의에 참석하고 있을 때였다. 본 회의에 참석 중이던 핀란드 대표와 요르단 대표가 홍차 잔을 들고 나에게 다가와 개고기와 당나귀 이야기를 꺼냈다. 요르단에 진출한 한국인들이 개를 다 먹어치우자 당나귀까지 사냥을 했다는 이야기였다. 한국인들이 개고기를 먹을 때는 그곳 주민들이 별다른 관심을 갖지 않았다고 한다. 그런데 시골 마을 사람들의 교통수단이자 양의 우유를 운반하는 당나귀 수가 줄어들기 시작하자 그 마을 청년들이 방범대를 조직해 한국인들의 당나귀 사냥을 감시했다고 한다. 그러면서 당나귀를 지키는 요르단 사람이 바보인지 당나귀를 사냥하는 한국인이 바보인지하는 문제가 그 마을 사람들의 숙제로 남아 있다고 했다.

그는 한국대표로 참석한 나에게 농담을 걸어온 것이었다. 개고기를 먹는 것을 폄훼하기 위해서라기보다는 이야기 주고받기를 좋아하는 아랍인들의 화법인 듯했다. 유학 초기시절 말을 알아듣지 못하던 나를 동료들이 당나귀에 비유해 놀린 것처럼, 『꾸란』에 가장 바보스러운 사람을 당나귀로 표현한다. 그러나 이들이 한국인들이 개고기를 즐기는 것을 화제로 삼는 것 자체가 그들의 문화적 편견에서 비롯된 것임은 분명했다.

나는 『꾸란』과 예언자 무함마드의 말씀을 인용해 한국인들이 당나귀, 즉 바보가 아니라고 말했다. 알지 못해서, 무의식적으로 또는 강요에 의해 또는 생명을 구하기 위해 섭취하는 음식은 비록 『꾸란』과 예언자 말씀에서 금기된 것이라 할지라도 죄가 성립되지 않지 않느냐고 반문을 했다. 그는 궁금증에 대한 해답이라도 찾았다는 듯이 말을 이었다.

"그렇다면 당나귀를 지켜야 했던 요르단 청년들과 그리고 당나귀를 사냥했던 한국인들은 바보들이 아니군요. 알함두릴라!(알라께 감사를 드려야할 일이군요)"

나는 문득 우리의 격언이 생각났다. "아는 것이 곧 힘이다." 이슬람에 대한 정확한 상식을 몰랐다면 나와 한국은 그 자리에서 회자될 만한 화젯거리가 되고 말았을 것이다.

1995년 8월 7일 이집트 알렉산드리아에서 회의에 참석하고 있을 때 이집트의 한 기자가 한국 관련 기사가 실린 『아크바르(akbar) 신문』을 보이면서 한국인이 개고기를 좋아하는 정도를 물어왔다. 한국의 중소 식품업체들이 이집트를 방문해 이집트 정부에 개를 수출해달라고 요청해왔을 때 보신탕을 즐겨먹는 한국인이 개를 식용으로 도살할 염려가 있다는 이집트 종교계의 건의를 받아들여 대외무역부가 한국 업체들의 개 수출제의를 거부했다는 보도 내용이 실린 신문을 가지고 와서 내 코멘트를 듣고 싶어했다.

나는 한국사람들의 일부가 보신탕을 먹을 뿐이라고 대답했다. 중국 사람들은 한국인들보다 개고기를 더 좋아한다고 말했더니 아무런 반응을 보이지 않고 나에게 개고기의 맛을 물었다. 나는 이렇게 대답했다.

"내 대답보다는 당신이 직접 개고기를 맛보게 되면 정확한 맛을 알 수 있을 것입니다. 생선회를 멀리하던 아랍인들이 생선회에 맛을 알게 되면서 생선회를 즐기더군요."

그 기자는 입가에 미소를 띠며 대답하기 어려울 때 아랍인들이 가장 즐겨 쓰는 "인샤알라"라고 말한 후 "일랄 리까아"(우리 또 만나요)라고 인사하며 어디론가 떠났다.

신에게 저주받은 동물, 돼지

동물의 피는 『꾸란』에서 식용으로 금지(haram)되고 있다. 동물을 죽인 다음 피까지 식용으로 사용하는 우리 도살법과는 많이 다르다. 이슬람식 도살은 동물의 목을 자르거나 목을 찔러 죽게 하는 것인데 가장 좋은 방법은 살아 있는 짐승의 숨통, 식도, 두 정맥을 단번에 절단하는 것이라고 했다. 이렇게 하면 심장의 박동이 피를 몸 밖으로 밀어낸다.

알라의 이름으로 도살되지 않은 짐승의 고기는 먹지 말라는 『꾸란』의 가르침에 따라 짐승의 얼굴 왼쪽 편을 메카에 있는 카으바 신전 쪽으로 향하도록 한 후 도살 직전에 '비스밀라'(bismillah: 알라의 이름으로)를 말하고 '알라후 아크바르'(Allah akbar: 알라는 가장 위대하다)를 암송한 다음 도살한다. 예언자 무함마드는 피가 제거되고 알라의 이름이 언급된 것만 섭취하라고 가르치면서 도살되는 짐승에게 죽음의 고통을 최소화하라고 했다.

알라께서는 모든 것에 친절한 행위를 요구했습니다.
그러므로 짐승을 도살할 때도 가장 선한 방법을 택하시오.
도살할 짐승에게 먹을 것과 물을 주고 가장 편안하게 둔
상태에서 가장 날카로운 도구로 가장 신속하게 도살해
죽음의 고통을 최소화하시오.

이슬람세계에서는 순대나 선짓국같이 소 피를 소재로 한 음식은 찾아볼 수가 없다. 짐승의 내장도 간이나 허파 같은 것을 제외하고는 모두 쓰레기로 처리된다. 그러니 곱창전골 같은 음식이 있을 리 만무하고 뼈와 발굽을 식용재료로 사용하지 않으니 설렁탕이나 족발 같은 음식을 찾아볼 수 없다.

『꾸란』은 죽은 짐승의 고기, 질식시켜 죽이거나 때려서 죽인 짐승의 고기, 높은 곳에서 떨어져 죽거나 서로 싸우다가 죽은 짐승의 고기, 야생동물이 뜯어 먹고 남은 짐승의 고기, 제사나 고사상에 오른 고기를 금지하고 있다.

이와 같은 이유로 이슬람사회에 수출되는 쇠고기가 들어간 라면이나 조미료, 즉석 삼계탕, 고기가 들어간 모든 식품은 이슬람도살법에 따라 도살된 고기로 제조된 식품이어야 한다.

이슬람에서는 돼지가 신의 저주를 받았다는 이유로 식용으로 금지되고 있다. 돼지고기가 식용으로 금지되는 근거는 『꾸란』에서 찾을 수 있다. 노아의 방주에 오른 사람들과 각 종류의 짐승들이 배출한 배설물 때문에 고민하던 예언자 노아가 기도하자 알라는 돼지로 하여금 인간과 동물의 오물들을 먹어치우도록 했다. 이로 인해 돼지는 사람과 짐승의 분비물을 청소하는 짐승이 되었다고 전해진다.

이러한 이유로 모든 무슬림은 돼지를 사육하지 않을 뿐만 아니라 야생 멧돼지도 먹지 않는다. 그래서 『꾸란』을 믿는 사람에게 돼지꿈은 행운의 상징이 아니다. 또한 돼지 상(像)이 들어간 상품은 그것의 기능에 관계없이 이슬람권에서는 환영받지 못한다. 돼지고기와 술을 즐기는 서구의 일부 종교인은 우스꽝스러운 표현으로 이를 금기한 예언자 무함마드를 폄하하기도 했다.

교황 인노켄티우스 3세는 예언자 무함마드를 가리켜 대단히 위험한 사기꾼 작가라 표현했다. 12세기 프랑스 신학자인 기베르 드 노장은 무함마드가 술을 입에 대었다 하면 고주망태가 될 때까지 퍼마시는 주정뱅이어서 그의 사인(死因)은 과음 때문이었으며, 버려진 그의 시체를 돼지들이 먹어치웠기 때문에 이슬람이 술과 돼지고기를 금지시켰다고 주장했다.

한국에서 돼지는 행운을 가져다주는 짐승이다. 사람들은 꿈에도 돼지가 나타나기를 원한다. 돼지고기는 사람보다 신이 더 좋아했다고 주장하는 학자도 있다. 한양대 최래옥 교수는 하늘에 제사를 지낼 때 돼지를 희생시켰으니 돼지야말로 신을 부르는 영물(靈物)이요, 건강과 행운의 상징이며 신이 좋아하는 동물이라고 주장한다. 그래서 공사기공식을 할 때 돼지머리를 제단에 올리고 아무 사고 없이 공사가 마무리 될 수 있도록 해달라고 기원한다. 중동 아랍권에 진출한 한국 회사도 예외는 아니었다. 그런데 이슬람의 절대적 영향을 받고 있는 아랍권의 무슬림은 돼지를 사육하는 사람이 없다.

그렇다면 그곳에 진출한 한국 회사들이 고사를 지낼 때 돼지머리를 어떻게 구했을까? 사우디아라비아에서는 돼지를 수입하는 것도 허용되지 않는다. 결국 돼지머리 대신에 양의 머리로 대체할 수밖에 없었다. 이슬람세계에서는 양이 우리의 돼지처럼 건강과 행운의 상징이다. 알라의 택함을 받은 여러 예언자, 그중에서도 예수와 무함마드는 양을 돌본 양치기였다. 『성경』과 『꾸란』에 등장한 아담의 차남 아벨이 바친 양이 번제(燔祭)로 택함을 받았고, 예언자 아브라함이 장남을 신의 제단에 바쳤을 때 살찐 양 한 마리로 대체된 것으로 보아, 신이 좋아한 동물은 양으로 볼 수 있다. 한국 회사들이 공사에 들어갈 때 양머리로 제사를 올린 것은 탁월한 선택이 아니었나싶다. 결과적으로 우리 기업들은 중동의 모래바람을 이겨내고 기적을 이루어냈으니 말이다.

태양이 사라져도 살아남을 수 있다는 사람들

한국은 베트남전에서 군인들의 피와 생명을 담보로 외화를 벌어들였다. 미국이 베트남에서 패배하자 월남 재건에 참여했던 삼환기업을 비롯한 한국기업들은 넘쳐흐르는 오일 달러로 경제개발을 시작한 중동으로 발길을 돌렸다. 우리나라는 후진국이었고 경제발전을 위해 외화가 절실한 시기였다. 중동에서 벌어들인 외화는 한국 근로자들의 땀과 노동의 대가였다.

이 무렵 나는 사우디아라비아에서 유학을 하며 교직생활을 겸하고 있었다. 당시 사우디아라비아에서 들었던 한국에 대한 평가는 주로 '일'과 관련된 것이었다. 그들은 한국 근로자의 근면성을 칭찬하면서 귀신 같다고 말하기도 하고, 문화에 무관심한 경제적 동물이라고 꼬집기도 했다. 어떤 이는 오직 일밖에 모르는 일의 노예라고까지 표현할 정도로 한국 근로자들은 밤낮을 가리지 않고 일에만 몰두했다. 그리고 많은 돈을 벌어들였다. 현대그룹 정주영 회장이 중동에서 태산같이 외화를 벌어들인 덕분에 회사가 초고속으로 성장할 수 있었다고 말할 정도로 한국 기업들의 중동 진출은 한국 경제발전에 큰 원동력이 되었다.

이 시절, 사우디아라비아 사람들은 오일 달러를 바탕으로 호화로운 생활을 했다. 대부분 노동자로 그곳에 진출한 우리는 그들이 부럽기도 하고 때로는 그들을 시기하기도 했다. 그곳에 진출한 D사의 중역과 공사 감독으로 나와 있던 사우디아라비아 감독관 간의 통역을 했을 때의 일이다. 업무에 관한 대화가 끝나고 '까흐와'라 불리는 아랍 전통 커피를 마시면서 나누는 대화에서 중역이 감독관에게 질문을 던졌다.

"당신들은 기름 덕분에 이런 호화생활을 하고 사는데 기름이 고갈되면 옛날처럼 다시 낙타를 타고 다니면서 사막에서 생활을 할 수 있겠습니까?"

일하지 않고도 잘사는 그들에 대한 질투가 배어 있는 질문이었다. 게다가 당시에는 중동의 석유가 금방 고갈될 것이라는 전망이 지배적인 때였다. 짧게는 5년에서 길어야 20년이면 중동의 석유는 경제적 가치가 없어질 것이라는 예측이었다. 아랍인 감독관은 한국인의 질문에 대한 대답은 하지 않고 오히려 질문을 했다.

"중동의 기름이 고갈된다면 그때 한국에서는 기름이 쏟아질까요?"

엉뚱한 질문이었다. 그들이 상투적으로 사용하는 "인샤알라", 즉 "알라의 뜻이라면 한국에서도 기름이 쏟아질 수 있겠지요"라고 말하면 됐을 터이지만 아랍문화에 어두운 한국인들이 이런 순발력을 발휘하기는 어려웠다. 잠시 후 감독관이 다시 말을 꺼냈다.

"기름이 고갈된다 해도 우리는 걱정하지 않습니다. 인간이 가장 사용하기 쉬운, 경제성을 가진 자원은 땅에서 캐내는 지하자원이니까요. 알라께서 우리에게 땅속의 축복을 많이 주셨어요. 비록 땅 위의 아름다운 자연환경의 축복은 주지 않았지만 말이에요. 아라비아 반도의 땅속에는 기름이 매장되어 있거나 수맥이 있거나 아니면 지하자원이 있지요."

당시 사우디아라비아에서는 해외로부터 수입된 물 값이 기름 값의 20배를 넘어섰다. 그러므로 수맥을 발견하는 것이 유전보다 더 가치 있는 일이었다. 또한 지하자원도 풍부하다. 공사를 하다 광맥이 발견되어 공사현장을 옮긴 한국회사도 있다고 했다. 그는 말을 이어갔다.

"석유가 고갈되면 그 인류가 사용하게 될 마지막 에너지 자원은 태양 에너지가 될 것입니다. 아라비아 반도는 지구촌에서 태양열의 온도가 가장 높은 지역입니다. 1년 내내 하늘에 구름이 끼는 일도 별로 없을뿐더러 비가 오는 날도 거의 없지요. 태양열의 온도는 섭씨 50도를 오르내립니다. 한낮에 자동차 보닛 위에 계란을 풀어놓으면 익어버릴 정도지요. 태양이 없어지지 않는 한 아라비아 반도는 태양 에너지 분야에서는 어느 국가보다도 경쟁력이 있는 나라입니다."

그곳에서 살아본 사람은 어느 누구도 이 아랍인의 말을 부정할수 없을 것이다. 여름철 한낮의 온도는 화로에 들어가 있는 것처럼 뜨겁다. 그 감독관의 예측은 현실이 되어가고 있다. 현재 사우디아라비아 수도 리야드에서 45킬로미터 거리에 위치한 우아이나 (uyainah) 지역에서는 태양열로 생산된 전력이 석유와 가스를 대체하고 있다.

"이곳 사우디아라비아 사람들은 비록 태양이 사라진다 해도 살아

남을 수 있을 것입니다. 태양이 사라진다면 곧 이 세상의 종말이 오겠지요. 종말이 되면 전 세계 무슬림이 자신들의 모든 자산을 처분한 돈을 가지고 메카로 순례를 올 테니까요."

듣고 보니 그럴듯했다. 해마다 전 세계에서 사우디아라비아 메카와 메디나 두 성지를 방문하는 순례자는 1000만 명이 넘는다. 특히 대순례, 즉 매년 하지 기간에 메카를 찾는 순례자만 해도 현지인과 외국인을 합쳐 300만이 넘는다. 카으바 신전이 있는 메카의 하람 성원(masjid al haram)이 동시에 300만 이상의 순례자를 수용할 수 없다. 그래서 사우디아라비아 정부는 그 이상의 순례자를 받지 못하고 있는 실정이다. 다른 관광지는 한 명의 관광객이라도 더 유치하려고 전력을 다하고 있는 반면에 사우디아라비아는 대순례, 즉 하지를 하려는 순례자들까지도 제한을 하고 있다. 세상에 종말이 온다해도 종교의 힘이 이 사람들을 끝까지 지탱해줄 것이다.

상대방에게 최고의 예우를 다하는 무슬림은
이렇게 행동한다. 상대방 왼편으로 가서,
"알라 야민"(ala yamin: 오른쪽에 있는 분이 우선입니다)
이라고 말하는 것이다. 그러면 상대방은
더 이상 양보하거나 거절하지 않고 받아들인다.

.

칼리드 왕에게서 배운 이슬람 에티켓

1977년 5월 11일에는 일기장에는 다음 날 있을 칼리드 빈 압둘아지즈(Khalid bin Abdulaziz, 재위 1975~82) 왕의 만찬에 관한 내용이 적혀 있다. 국왕 만찬에 국가별로 한 명씩 학생이 초청되었지만 한국학생은 아무도 호명되지 못했다는 내용이다. 유학생이 단 세 명이라 그런 것인지는 몰라도 나는 우리나라의 국력이 약해서 소외받은 것이 아닌가라고 생각했다.

당시 칼리드 왕은 영국에서 치료를 받고 귀국한 직후였다. 그래서 왕실 의전실에서는 영국학생 대표에게 특별한 관심을 가졌다. 마침 영국 유학생 대표로 초청을 받은 타하는 나와 가깝게 지내던 친구였는데 그가 초청된 학생들을 대표하게 되었다. 그가 초청을 담당한 의전 담당관에게 한국유학생이 초청자 명단에서 빠진 이유를 물으면서 내 이름을 언급했다. 그것을 계기로 나도 한국유학생 대표로 추가되었다.

다음 날 한국유학생 대표로 'South Korea'가 새겨진 띠를 오른쪽 어깨에서 왼쪽 허리까지 길게 늘어뜨리고, 칼리드 국왕의 완쾌를 축하하는 만찬에 86개국 유학생 대표 중 71번째로 왕실 접견실에 들어섰다. 경호원들의 삼엄한 감시를 받으며 칼리드 국왕과 악수를 했다. 스물여덟 살이었던 나는 긴장하며 그의 손을 꽉 쥐었다. 그러자 경호원이 손등을 꼬집어 악수하던 손을 떼버렸다. 연로한데다가 병원치료까지 받은 왕이 70명의 학생과 악수를 하느라 힘이 빠진 상태에서 멋모르는 동양 청년이 손을 꽉 쥐는 것을 보고 제지한 것이다. 친구들은 나중에 감옥에 안 간 것이 다행이라고 놀려대면서 손바닥만 살그머니 대는 것이 왕과 악수하는 에티켓임을 알려주었다.

아랍 무슬림과 교류가 잦아지면서 알게 된 것이지만 이슬람 인사는 한국의 인사 예법과는 많이 다르다. 무슬림은 인사할 때 고개를 숙이거나 허리를 굽혀 인사하지 않는다. 앞에서도 강조했듯이 엎드려 절하거나 세배하는 인사는 없다. 알라 외에는 어느 누구에게도 허리 굽혀 인사하거나 엎드려 인사하지 말라고 했기 때문이다.

무슬림들은 악수를 하면서 인사를 나누기도 하고 상대방을 껴안고 정을 나누기도 하며 가까운 사람들끼리는 양쪽 볼에 두 번 이상 입맞춤을 하기도 한다. 부모나 어르신들의 경우에는 손등이나 팔 또는 이마에 키스를 하며 인사를 한다.

이러한 인사도 동성끼리만 가능하다. 서양처럼 남녀가 볼에 키스를 하고 입을 맞추는 인사는 상상조차 할 수 없다. 보수적인 이슬람 국가에서는 남녀 간의 악수조차 불가능할 정도다. 프랑스의 지배를 받은 튀니지나 모로코, 기독교인이 많은 레바논에서는 남녀 사이의 악수 정도는 가능하다. 그러나 상황에 따라 악수를 청해야 한다. 아무 데서나 여성에게 손을 내미는 것은 이슬람의 인사예절에서 벗어난 행위다.

알라 앞에서 모든 인간은 평등하므로 비록 부모와 자식, 스승과 제자, 군주와 신하, 연장자와 연하자, 고인(故人) 앞에서도 절을 하거나 엎드려 인사하지 않는다고 했다. 그러다보니 명절이나 신년을 맞아, 또는 부모님 앞에 엎드려 세배하거나 고인 앞에서 절하는 문화는 찾아볼 수가 없다.

지위고하를 막론하고 연하자가 연장자에게 먼저 인사하고, 보행

1977년 한국유학생 대표로 칼리드 사우디아라비아 국왕을 접견했다.
손바닥만 대는 형식으로 악수를 해야 했지만 에티켓을 몰라 손을 꽉 잡고 말았다.
나를 바라보는 수행원의 표정이 심상치 않다.

자가 앉아 있는 사람에게 먼저 인사하고, 소수가 다수에게 먼저 인
사하고, 낙타나 말을 타고 가는 사람이 걸어가는 사람에게 먼저 인
사하고, 먼저 본 사람이 먼저 인사하라고 예언자 무함마드는 가르
쳤다.

아담의 포크, 오른손

오른손 사용을 권장하는 것은 세계적으로 보편적이다. 왼손잡이
가 10~15퍼센트에 불과하므로 오른손잡이 위주의 문화가 만들어

졌고 이 때문에 오른손 사용을 더욱 권장하는 것도 이상한 일은 아니다. 그런데 우리는 왜 오른손을 사용해야 하는지에 대한 설명은 듣지 못한다. 그냥 왼손을 쓰는 것이 옳지 않고 보기 싫고 예의가 아니라는 것 외에 합리적인 근거를 들어본 사람은 거의 없을 것이다. 그런데 무슬림은 오른손을 사용해야 하는 이유를 분명하게 말한다.

알라가 아담을 창조했을 때 두 천사로 하여금 그에게 "앗살람 알라이쿰"이라고 인사하도록 했다. 아기가 태어날 때에도 그 아이의 평안을 기원하며 두 천사가 "앗살람 알라이쿰"이라고 인사한다. 그 순간부터 두 천사는 그 아이와 일생을 함께한다. 예언자 무함마드는 천사 라킵(raqib)이 아이의 오른편에서 그의 착한 생각과 선행을 기록하고, 천사 아티드(atid)는 왼편에서 그의 나쁜 생각과 악행을 하나도 빠뜨리지 않고 기록한다고 했다.

『꾸란』에 따르면 부활의 날 모든 인간은 세 부류로 나뉜다. 한 부류는 알라의 오른쪽에 있게 되고 한 부류는 왼쪽에 있게 된다. 오른쪽으로 분류된 사람은 천국으로 갈 자들이고 왼쪽에 있게 될 사람은 지옥으로 갈 자들이다. 그리고 나머지 한 부류는 알라의 손 안에 있는 사람들로, 이들은 오른쪽에 있는 사람들보다 더 좋은 곳에 갈 자들이다. 이들은 『성경』과 『꾸란』에 등장한 사도와 예언자들 그리고 진실하고 정직한 자들과 순교자들이다. 꾸란은 우편과 좌편의 사람들에 관하여 이렇게 언급하고 있다.

그중의 한 편은 오른편의 동료가 될 것이니라.
너희는 오른편의 동료가 무엇인지 아느냐?

그리고 다른 한 편은 왼편의 동료가 될 것이니라.

너희는 왼편의 동료가 무엇인지 아느냐?

오른편에 기록서를 들고 있는 자들은 기록이 여기에 있나니

읽어주소서, 라고 말할 것이니라.

　이처럼 『꾸란』에 언급된 오른쪽은 천국을 상징하고 왼쪽은 지옥을 가리키는 의미를 풍기고 있다. 이로 인해 무슬림들은 좋은 것은 오른쪽부터 시작하고 그렇지 않을 경우에는 왼쪽부터 시작한다. 이슬람의 예배(salah)는 이 두 천사에게 "앗살람 알라이쿰"으로 인사하는 것으로 종료된다. 먼저 오른쪽으로 고개를 돌려 오른편에 있는 천사에게 인사한 다음 왼쪽으로 돌려 인사한다. 음식을 먹을 때, 특히 아담의 포크(손)를 사용해 식사할 때는 반드시 오른손을 사용한다. 선물을 주고받을 때 한 손만 쓸 수 있다면 역시 오른손이다. 귀엽다는 표시로 아이의 머리를 쓰다듬을 때의 에티켓도 역시 오른손이다.

　발도 마찬가지고 예의를 갖출 때도 오른쪽이 우선이다. 예배당을 비롯한 좋은 장소에 들어갈 때는 오른발부터 들여놓는다. 화장실에서 나올 때도 오른발부터 움직인다. 우리는 자동차나 승강기를 타고 내릴 때 상대방을 존중하거나 양보하는 의미에서 "먼저 타시지요"라고 말한다. 물론 무슬림도 그렇게 말하기도 한다. 그러나 상대방에게 최고의 예우를 다하는 무슬림은 이렇게 행동한다. 상대방 왼편으로 가서, "알라 야민"(ala yamin: 오른쪽에 있는 분이 우선입니다)이라고 말하는 것이다. 그러면 상대방은 더 이상 양보하거나 거

Makkah Governor Prince Khaled Al-Faisal awards a winner of the Qur'an memorisation competition

Qur'an Competition
Winners Cited

메카 지역 통치자 칼리드 파이잘 왕자가 국제『꾸란』낭송 및
암기대회 수상자에게 상장과 상금을 수여하고 있다.
우리와는 달리 오른손으로 상을 수여하고 오른손으로 받고 있다.

절하지 않고 받아들인다.

한편 지저분하고 깨끗하지 않다고 생각될 때에는 왼손과 왼발이
사용된다. 그러므로 화장실, 즉 지저분한 곳으로 인식되어 있는 화
장실에 들어갈 때는 왼발부터 먼저 들여놓고 일을 보고 닦을 때도
왼손을 사용한다. 보통 한국의 화장실에는 변기에 앉았을 때를 기준
으로 휴지통이 오른쪽에 있다. 우리는 일을 보고 오른손을 사용하기
때문이다. 또한 무슬림은 이슬람의 가르침에 따라 대변은 물론 소변
을 보고 나서도 항문이나 생식기를 물로 씻는다. 만약 물을 마시고

싶다면 오른손을 쓴다. 코를 풀고 싶다면 왼손이다. 만약 코를 씻고 싶다면 어떨까? 애매할 수 있겠지만 이럴 때는 오른손을 쓴다. 이 정도만 알아도 실생활에서 실수를 하거나 예의를 지키지 못할 경우는 줄어들게 된다.

진인사대천명—인샤알라

비무슬림들의 말을 빌리자면 이슬람국가에서 또는 무슬림과의 대화에서 제일 이해하기 어려운 말이 "인샤알라"(in sha Allah)라고 말한다. 풀이하면 "알라의 뜻이라면, 알라의 뜻에 따르겠습니다"라는 의미다. 처음 이 말을 들으면 어떻게 반응해야 할지 모를 수 있다. 특히 가부(可否)를 물었는데 "인샤알라"라는 답을 들었을 때 그렇다. 책임을 회피하기 위한 아랍인의 상투적인 표현이거나 책임 못 질 이야기를 되풀이하다가 맨 나중에 더 이상 할 말이 궁할 때 "나도 몰라"라는 의미로 쓰는 표현이라 말하는 사람도 있다. 그렇기 때문에 "인샤알라"로 대답하는 이슬람사람들을 믿을 수 없다고 말하는 사람도 있다.

『꾸란』제18장 제23절에서부터 제25절에 따르면 알라께서 몇 명의 젊은이로 하여금 동굴에서 오랫동안 잠들게 했다. 그들은 309년이 지난 후에야 잠에서 깨어났다. 그들은 309년이라는 시간이 흐른 사실을 전혀 느끼지 못하고 현실에 대한 논쟁을 벌였다. 사람들이 예언자 무함마드에게 동굴의 사건에 관해 질문을 하자 예언자는 알라께 기도해 '내일'(gadan) 알려주겠다고 했다. 그런데 알라는 15일이 지난 후에야 계시를 내리면서 "만사는 알라의 뜻에 따라 이루어지는 것이므로 어떤 일에 대해 내일이나 모레라 약속하지 말고 '인샤알라'로 대답하라"고 했다. 그 후로 '인샤알라'는 모든 이슬람 사람들의 일상어가 되었다.

『꾸란』에는 '인샤알라'를 언급한 예가 많다. 제19장 제99절에서 이집트의 재상이 된 요셉은 가족들이 있는 가나안 땅에 기근이 들자 자신을 버린 열두 이복형제들을 꾀어 아버지 야곱을 비롯한 가족들을 모셔오게 했다. 야곱이 온 가족을 데리고 요셉이 살고 있는 곳으로 들어가자 요셉은 아버지와 어머니를 껴안고, "두려워하지 마시고 평안하게 드십시오. 인샤알라, 알라의 뜻에 따라 축복과 좋은 일이 있을 것입니다"라고 인사했다.

『꾸란』제28장 제27절에서 모세의 장인은 모세에게 "인샤알라"라고 한다. 파라오 왕이 내린 사형선고를 피해 도피하던 모세가 메디안에 이르렀을 때 우물가에서 가축에게 물과 풀을 힘겹게 먹이고 있는 두 여인을 보고는 그 두 여인을 도와주었다. 이 소식을 전해들은 두 딸의 아버지가 모세를 집으로 초대해 융숭하게 대접한 뒤 그의 딸과 결혼하되 8년 동안만 처가살이를 해달라고 부탁했다. 8년간 처가살이를 부탁한 것은 당신을 힘들게 하기 위해서가 아니라 "인샤알라", 내가 당신에게 좋은 사람이며 그렇게 하는 것이 당신에게도 좋을 것이라는 곧 알게 될 것이라고 했다.

『꾸란』제37장 제102절에서 이스마엘은 아버지 아브라함이 알라의 계시를 받고 자신을 제물로 바치려 하자 아브라함에게 다음과 같이 말한다.

"알라의 명령대로 하소서. 인샤알라. 알라께서 그렇게 원하신다면 저는 인내하며 모든 것을 뜻대로 따르겠습니다."

예언자 무함마드는 그의 동료들과 함께 메카에 입성해 카으바 신전 주변을 도는 꿈을 꾸었는데 이 꿈이 현실이 되었다. 무혈혁명으로 메카에 입성한 것이다. 그는 알라의 계시를 통해 '인샤알라', 즉 신전으로 안전하게 입성할 것임을 계시받은 것이다.

『꾸란』 제18장 제69절에는 모세가 사용한 '인샤알라'가 소개되고 있다. 모세는 키드르(khidr)라는 성인(聖人)을 만나고 그가 갖고 있는 신비한 지식을 배우기 위해 그와의 동행을 간청했다. 그러자 그 성인이 모세에게 말했다.

"나와 동행하면서 그 신비의 지식을 배울 수 있는 인내력이 당신에게 없을 것 같습니다."

그러자 모세가 다시 간청했다.

"인샤알라, 알라의 뜻이라면 어떤 일에도 당신께 거역하지 않고 인내할 것입니다."

학자들은 『꾸란』에서 사용된 것을 토대로 '인샤알라'를 해석한다. 알라께서 인간에게 부여한 지혜와 능력으로 최선을 다한 다음의 나머지는 알라의 뜻에 따라야 한다는 의미라는 것이다. 우리말의 진인사대천명(盡人事待天命)과 다를 바가 없다.

'인샤알라'를 부정적인 의미로 생각하고는 그들을 멀리하면 알라의 뜻에 따라 그들의 마음이 열리지 않게 된다. 따라서 결과도 부정적일 수밖에 없을 것이다. 그러나 그 표현을 긍정적으로 생각하고 최선을 다한다면 '인샤알라', 즉 알라의 뜻에 따라 그들의 마음이 열리고 꼬였던 일도 긍정적으로 풀리며 때로는 불가능할 것이라고 생각했던 일이 가능해진다. 이것이 내가 이슬람국가에서 오랫동안 공부하고 체류하면서 여러 무슬림과의 교류에서 얻은 경험과 교훈이다.

무슬림이 감정을 표현하는 세 가지 방법

1. 비스밀라(bismillah: 알라의 이름으로)

종교가 없는 사람도 절대자를 찾을 때가 있다. 혹은 예기치 않은 상황에 처했을 때 자신도 모르게, "아버지!" 또는 "어머니!"라고 외치면서 구원을 빌 때가 있다. 때로는 어떤 일을 시작하면서 고인이 된 조상에게 기도하며 축복을 받으려는 사람도 있다.

알라를 존재의 원인자로 믿고 있는 이슬람인들은 모든 것을 비스밀라(bismillah), 즉 "알라의 이름으로" 간구한다. 모든 것이 알라의 말씀으로 개시되었다고 보기 때문이다. "있어라 그러면 있을 것이니라"는 『꾸란』의 가르침에 근거한 것이다. 그래서 말을 할 때나 문지방을 나설 때 등 알라께서 허용한 모든 행위를 시작할 때 가장 훌륭한 예절은 '비스밀라'로 개시하는 것이라 『꾸란』은 가르치고 있다. 알라의 이름으로 개시되는 일은 절대로 무효가 되는 일이 없고 헛된 경우가 없으며 불완전하게 끝나는 일이 없다는 것이다. 알라를 위해서 "비스밀라"로 시작되는 것은 알라께서 금기한 사항을 제외하고는 어떤 일이든 간에 소멸하지 않고 지속된다고 했기 때문이다.

『언행록』에서도 동일한 의미가 소개되고 있다. 알라의 이름, 즉 '비스밀라'로 개시되지 않은 것은 마치 도마뱀의 꼬리가 끊어지듯 그 일도 단절된다. 알라의 이름으로 개시되지 않은 말(言)과 글(書)

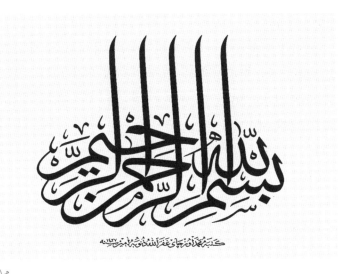

비스밀라 캘리그래피. 이슬람에서는 모든 일을 시작할 때
"비스밀라", 즉 "알라의 이름으로" 시작해야 한다.

과 행위는 수족이 절단된 것처럼 불완전하고, 예배를 위한 세수
(ud)도 비스밀라가 언급되지 않으면 그 예배의 효과가 없으며, 음
식을 먹을 때도 먼저 알라의 이름으로 먹어야 하며, 짐승을 도살할
때나 부부가 동침에 들어갈 때도 '비스밀라'로 시작하는 것이라 가
르치고 있다.

　알라는 『꾸란』에서 한 차례를 제외하고는 그의 모든 말씀을 '비스
밀라'로 시작하고 있다. 『꾸란』 총 114장 중에서 제9장인 「회개」
(taubah)의 장을 제외하면 모두가 알라의 이름으로 개시되고 있다.
제9장이 '비스밀라'로 개시되지 않은 이유에 대해 학자들은 무신론
자에 대한 최후 경고라고 해석한다. 즉 알라께서 금기했거나 경고한

사항은 알라의 이름으로 개시할 필요가 없다는 것이다.

사람이 땅 위에 있게 된 최초의 원인이 알라의 이름으로 개시되었던 것처럼, 죽음 후에 시작되는 인간의 구원도 역시 알라의 이름으로 이루어진다고 했다. 그래서 무슬림은 모든 것을 알라의 이름으로 간구한다. 예수님의 이름으로 기도하고 간구하는 기독교와는 다르다.

터키의 정신적 지도자인 사이드 누르(Badi al Zaman Saeed al Nur)는 '비스밀라'를 '모든 복의 근원이며 모든 것을 개시하는 열쇠'로 기술한다. 이 표현은 축복받은 이슬람의 상징이며 영원히 소멸하지 않을 기적이므로 '비스밀라'로 아침을 맞이하고, 그것으로 말문을 열며, 그것으로 행동에 들어가며, 그것으로 밤을 맞이하고, 그것으로 수면을 청하며, 그것으로 구원을 간구하며, 그것으로 간구된 모든 것이 성취된다는 의미다.

강아지도 주인이 그의 이름을 불러주면 기뻐하고 사람도 이름을 불러주면 기뻐하듯 신도 그의 이름을 불러주면 기뻐할 것이요, 그것으로 인해 간구되는 모든 일이 이루어진다고 믿는 것이다. 모든 것이 알라의 이름으로 존재하게 되었다. 그러니 은혜를 받는 것과 베푸는 것, 말문을 여는 것과 어떤 일을 행동으로 옮기는 것 등 모든 사고와 언행이 '비스밀라'로 시작될 때 알라께서 기뻐하시며 구원도 그것으로 시작된다는 것으로 해석이 가능하다.

터키의 한 전자회사는 자동차 시동을 걸기위해 열쇠를 돌리는(혹은 꽂는) 순간 자동적으로 '비스밀라' 소리가 나는 전자제품을 개발 생산했다. 본사 사장은 1992년 회사설립 당시부터 대다수 터키인이 자동차 앞좌석에 앉을 때 비스밀라를 외우는 전통과 습관에서 이 제품을 고안하게 되었다고 했다.

2. 알함두릴라(alhamdulilah : 알라 덕분입니다)

모든 것이 '알라의 이름으로' 개시되었기에 일상생활의 모든 일과는 알라의 이름으로 시작하고 그 결과는 모두 알라에게로 귀결시킨다. 즉 존재와 소멸의 원인이 모두 알라에게 있으므로 감사하는 마음도 알라에게로 돌린다.

이러한 맥락에 따라, 식사를 시작할 때는 "비스밀라"로 시작하고 식사를 마치고 나면 "알함두릴라"라고 말한다. 모든 영광은 알라의 은덕이라는 뜻으로 "잘 먹었습니다. 맛있게 먹었습니다"라는 의미다. 한국사회에서는 "덕분에 잘 지내고 있습니다"라고 말하지만 이슬람에서는 "알라 덕분"(al hamdulilah)이라고 말한다.

잠자리에 들 때도 이 말을 33번 암송한 후에 잠이 드는 것이 좋다고 했고 잠에서 깨어나 잠자리에서 일어나기 전에 '참 잘 잤다'는 의미로도 이 표현을 쓴다. 재채기를 한 후에도 '알함두릴라'로 말한다. 이때 재채기소리를 들은 옆 사람이, "알라여! 그에게 자비를 베푸소서!"(yarhamuka Allah : 야르하무칼라)라고 말하며 재치기한 사람을 위해 알라의 자비를 구한다. 이에 대한 답례로서 재채기를 한 사람은, "알라여! 저분을 행복으로 인도해주소서!"(yahdikum Allah : 야흐디쿰물라)로 대답한다.

교통사고가 나도 아무 상처 없이 무사했을 때는 "다행입니다", 치명상을 입었지만 생명에는 이상이 없을 때 "그나마 다행입니다" 또는 여행에서 무사히 돌아온 사람에게 "무사히 돌아와서 다행입니다" 등의 뜻으로도 광범위하게 사용된다. 화장실에서 일을 보고 나서 가뿐하고 시원함을 느꼈을 때, "아, 시원하다!"라는 의미도 있는 등 장소와 상황에 따라 다양하게 사용된다.

3. 알라후 아크바르(Allah akbar: 알라께서 가장 위대하다)

이슬람인이 그들의 감정을 표출할 때 가장 많이 사용하는 문구 중에 "알라후 아크바르"가 있다. "알라께서 가장 위대하다"는 『꾸란』의 문구다. 비이슬람인에게는 고리타분한 종교적 언어일지 모르지만 이슬람이 생활화되어 있는 무슬림에게는 그들의 다양한 감정을 담아 표출하는 수단이다. 감정을 불러일으키는 원동력으로 가장 힘 있는 성가(聖歌)요 사회악과 부패를 추방하는 경종이며 개혁을 요구하는 혁명의 구호이기도 하다.

레자 타헤리안의 설명에 따르면, '알라후 아크바르'처럼 큰 호소력을 지닌 문구는 이 세상 어디서도 찾아볼 수 없다며 그것은 어떤 종교적 표현보다 강하다고 했다. 기도문에서 외우는 힌두교의 주문(呪文)인 만트라(Mantra)나, 『성경』의 주기도문, 요가를 가르치는 수도사들이 고안해낸 어떤 문구보다 강한 호소력을 갖고 있으며 동시에 의로운 사람들에게는 희망과 용기를 북돋워주지만 폭군이나 독재자들에게는 가장 무서운 구호라고 했다.

모세가 파라오 왕의 박해에 직면했을 때, 요나가 상어의 뱃속에 들어 있을 때 '알라후 아크바르'가 그들에게 용기와 힘을 주었다고 한다. 아버지 아브라함이 그의 아들 이스마엘을 알라의 제단에 바치

알라후 아크바르의 캘리그래피.
"알라후 아크바르"는 이슬람세계에서 가장 호소력이 있는 말이다.

려 했을 때도 이스마엘은 '알라후 아크바르'를 마음속으로 되새기
면서 고난과 역경에서 벗어났다고 한다. 이처럼 이슬람인은 어떠한
상황에서도 '알라후 아크바르'를 생각하고 있으면 두려울 것이 없
다고 믿는다.

'알라후 아크바르'의 용례는 다양하다. 예배를 알리는 아잔이나
하루 다섯 차례의 예배에서도 '알라후 아크바르' 성가를 시작으로
예배가 시작되는가 하면 말과 글로 표현할 수 없는 아름다운 것을
보고는 "저렇게 아름다울 수가 있을까!" 추한 모습이나 경악을 금
치 못하는 인간의 행위를 보고는 "인간의 탈을 쓰고 어떻게 저럴 수

"알라후 아크바르"는 혁명구호이기도 하다.
재스민 혁명 중 튀니지의 한 시위대가 알라후 아크바르를 외치며
깃발을 흔들고 있다. 깃발에 씌어 있는 말은
"알라 외에 신은 없으며 무함마드는 그의 예언자다"라는 뜻이다.

가!" 아름다운 음악을 감상하고서는 "저렇게 감미로울 수가!" 『꾸
란』 낭송을 경청하면서는 "저렇게 달콤할 수가!" 라는 의미가 된다.
이처럼 이슬람인의 다양한 감정을 표현하는 수단이 '알라후 아크바
르'인 것이다.

  우리는 칭찬과 격려의 표시로 박수를 보내지만 대다수 이슬람인
은 박수 외에도 '알라후 아크바르'로 격려한다. 전쟁터에서 적을 공
격하라는 장군의 돌격구호도 '알라후 아크바르'이며 국민이 반정부
데모를 할 때, 노동자가 노동쟁의 구호를 외칠 때, 그들의 머리띠에

새겨진 문구나 부패한 정치가의 퇴진을 요구하는 목소리도 모두가 '알라후 아크바르'다.

서구사회의 문화가 인간 중심이라면 이슬람사회의 문화는 신 중심이라는 것을 염두해두면서 이 세 문구를 상황에 따라 사용하면 이슬람인을 쉽게 사귈 수 있다. 그러면서 그들의 문화를 소재로 해 자연스럽게 이야기하면 그들로부터 공감을 얻을 수 있다.

이슬람을 다스리는 헌법, 『꾸란』

610년부터 632년까지 약 23년 동안 무함마드에 의해 소개된『꾸란』은 이슬람교의 경전으로 자리를 잡은 뒤 이슬람 공동체의 체제와 정치이론을 뒷받침하는 사상서로 발전해갔다. 무슬림 각 개인의 생활지침서가 되고 사회문화를 주도하면서 오늘날 22개 아랍 국가를 탄생시키는 가장 큰 원동력이『꾸란』이다. 또한 57개 이슬람국가가 생겨난 배경에는 예배 언어를 아랍어로 통일시킨『꾸란』의 역할이 절대적이었다.

『꾸란』은 그 의미는 물론이고 자구까지 창조주 알라(Allah)의 것으로 정의되고 있기 때문에『꾸란』에 대한 인간의 개입은 물론 그에 대한 비평도 허용되지 않는다. 그러므로『꾸란』의 자구수정은 불가능하다. 사우디아라비아는『꾸란』이 헌법이다. 그렇기 때문에 국회의 핵심적 기능인 헌법제정, 폐기, 보완, 수정이 불가능한 나라다. 따라서 국회의 존재감이 약해서 국회의원을 선출하는 선거가 없다.

이슬람은 우주와 인간을 비롯해 존재하고 있는 모든 것은 그것들을 존재케 한 원인자의 존재를 믿는다. 그 원인자를 창조주(al—

khaliq)라 했고, 그 창조주로 인해 존재한 모든 것을 피조물들(al—makhluq)이라 정의하고 있다. 이처럼 창조주를 인간 위에 군림하는 절대자로 믿고 인정한다면 인간은 반드시 창조주가 제정한『꾸란』을 최상위법으로 두어야 한다. 따라서『꾸란』에 근거한 입법·사법·행정이 이루어져야 하고 국가의 통치권자는 이슬람법에 따라 국가를 다스려야 한다는 것이 이슬람이 제시하고 있는 통치이념이요 정치사상이다.

이와 관련해『꾸란』은 이렇게 언급하고 있다.

> 그대 무함마드에게 이슬람법을 제시했으니
> 그대는 그 길을 걸어가되
> 알지 못하는 자들의 유혹을 따르지 말라.
> 믿는 자들이여, 알라께 복종하고 그분의 사도,
> 그리고 너희 가운데 책임이 부여된 자에게 복종하고
> 서로 간에 분쟁이 있을 경우 알라와 사도에게 위탁하라.
> 너희가 알라와 내세를 믿는다면 그것이 가장 좋은
> 최선의 방법이니라.

예언자 무함마드의『언행록』과 전통(sunnah)에서도 동일한 내용이 언급되고 있다.

> 알라를 두려워하고 나 무함마드 다음으로 올 지도자들에게,
> 비록 그가 노예 출신이라 하더라도 순종하시오.

사우디아라비아 국기에는 "la ilaha illah Allah wa Muhammad rasulullah"가
새겨져 있다.

나보다 오래 산 사람들은 서로 간에 견해 차이가 있다는 것을
알게 될 것이니 나의 전통을 따르시오.
또한 나의 후계자 칼리프들의 전통도 지켜야 합니다.

살레 H. 알아이드는 『꾸란』과 예언자 무함마드의 전통에 근거한
이슬람법에 따라 사우디아라비아 왕국의 헌법과 최초 통치제도가
세워졌다고 했다. 또한 압둘아지즈(Abdulaziz bin Abdurahman
aal Saud) 국왕이 『꾸란』을 국가의 최상위법으로, 예언자 무함마드
의 『언행록』과 전통을 두 번째 법원(法源)으로 채택하고 어떤 문제
를 다룰 때는 의논하고 협의하라는 『꾸란』의 지침에 따라 협의기구

(mazlis al shura)를 설치해 운영했다고 기록한다.

이 두 가지의 법원(法源), 즉 『꾸란』과 『언행록』 및 전통을 통치이념과 통치권·입법·사법·행정·교육·문화·종교·외교정책 등 모든 통치행정에 적용함으로써 사우디아라비아는 전형적인 이슬람 국가형태를 갖추고 있는 나라가 되었다. 국가를 상징하는 국기의 문구도 『꾸란』과 언행록에 근거한 "la ilaha illah Allah wa Muhammad rasulullah"(알라 외의 신은 없고 무함마드는 신의 사도이다)가 새겨져 있다.

이 문구는 이 세상에 태어난 신생아가 제일 먼저 듣는 말이요 임종하는 사람이 마지막으로 남기는 말로 감정 표현의 대표적인 수단으로 무슬림의 정서에 가장 큰 영향을 미치고 있는 문구다. 따라서 사우디아라비아 국적을 가진 시민은 외형적으로는 단 한 사람도 예외 없이 이슬람법에 따라 모두가 이슬람을 신봉하는 무슬림이다. 이로써 사우디아라비아 국민은 『꾸란』과 예언자 무함마드의 『언행록』 및 전통에 근거해 나라가 국난이나 어려움에 처할 때 왕에게 충성할 것을 맹세한다. 통치자가 이슬람법을 준수하고 국민에게 이슬람에 위배되는 행위를 강요하지 않는 한 국민은 그의 명령을 따라야 하며 그것이 주님께서 준비해둔 천국에 들어가는 길이라고 예언자 무함마드가 강조했기 때문이다.

무함마드가 사망한 후 그의 뒤를 이은 제1대 칼리프 아부바크르(Abu Bakr)는 그의 취임사에서 『꾸란』과 예언자의 전통에 근거한 이슬람법에 따라 통치하지 아니할 때 통치자는 통치권을 가질 수 없다고 했다.

"국민 여러분, 제가 알라와 예언자 무함마드를 따른다면 여러분은 저를 따르십시오. 그러나 제가 알라와 예언자 무함마드를 따르지 않는다면 저는 나라를 다스릴 아무런 권한이 없습니다."

이러한 이슬람 정책노선은 고인이 된 파하드 국왕이 국민에게 행한 연설에서도 분명히 드러나고 있다.

"사우디아라비아 무슬림은 이슬람법을 일상생활에 적용함으로써 행복을 만끽해왔습니다. 사우디아라비아 왕국은 『꾸란』과 예언자 무함마드의 『언행록』 및 전통에 근거해 이맘 무함마드 빈 사우드(al imam Muhammad bin Saud)와 셰이크 무함마드 빈 압둘와합(sheik Muhammad bin Wabdulwahab) 두 지도자가 건국한 이슬람국가입니다. 그러므로 이슬람을 통치이념으로 삼아 이 나라의 정치를 수행할 것입니다."

이처럼 사우디아라비아는 『꾸란』에 근거해 『꾸란』과 예언자 무함마드의 『언행록』과 전통을 이슬람법(shariah)의 제1차적 법원으로 채택하고 『꾸란』의 불변성과 보전을 강조하면서 이슬람정책을 고수하고 있다.

로마에 가면 로마법을 지키고, 한국에 오면 한국의 법을 준수해야 한다. 그와 마찬가지로 사우디아라비아를 비롯한 이슬람국가에 가면 그 나라의 법을 따라야 한다. 그런데 일반적으로 한국인은 『꾸란』을 『성경』이나 『불경』처럼 생각하면서 이슬람법을 대수롭지 않게 생각하는 경향이 있다. 『성경』과 『불경』이 강제력이 없는 종교경전이기 때문에 『꾸란』도 마찬가지일 것이라고 착각하는 것이다. 그러나 이슬람국가에서 『꾸란』에 언급된 법을 위반하면 실정법을 위반하는 것과 같이 구속되거나 처벌받을 수 있음을 잊지 말아야 한다.

눈에는 눈, 이에는 이―이슬람세계의 죄와 벌

형사법 역시 『꾸란』에 근거하고 있다. 알라가 내린 이슬람법으로 형사권과 재판권을 행사하라고 했기 때문이다. "알라께서 그대에게 내린 것으로 재판하라." 『꾸란』에 언급된 형벌은 검사의 구형권과 판사의 재량권이 허용되지 않는 고의적 살인이나 고의적 신체상해 죄에 적용되는 끼사스(qisas)와 핫드(hadd), 법관의 양심에 따라 법관의 재량권이 허용되는 타우지르(tauzir)가 있으며, 형 집행은 공개된 장소에서 최소한 두 명 이상의 증인 입회하에 이루어져야 한다는 증인제도와 공개성의 특징을 갖고 있다.

보복형 또는 응보형이라고 알려져 있는 끼사스는 이슬람 역사시대 이전부터 아랍 부족사회에서 행해져왔던 관습법으로 『꾸란』 법이 적용된 이후부터 독특한 형태로 발전했다. 살인죄와 신체상해죄가 여기에 속하나 고의, 과실 또는 단순 실수의 여부에 따라 형의 종류와 형량은 크게 다르다. 끼사스에 해당하는 죄목과 형벌은 『꾸란』과 『하디스』 법전에 따라 집행되기 때문에 국가의 통치자나 법관의 재량권이 허용되지 않고, 피해자 본인 또는 보호자가 『꾸란』과 『하디스』에 언급된 형량을 국가를 대신해 직접 구형할 수 있는 권리를 갖는다. 즉 가해자에 대한 형량의 구형권이 검사에게 있는 것이 아니라 피해자에게 있는 제도다.

핫드는 "알라께서 금지한 영역과 허락한 영역의 경계 또는 한계"

라는 뜻이다. 죄의 항목과 종류 그리고 형량이 『꾸란』이나 하디스에 언급되어 있어 역시 국가의 통치권이 미칠 수 없으며 법관의 재량권도 허용되지 않는다. 이에 해당되는 죄의 항목으로는 신을 배반하는 배신(背信)죄, 간통죄, 위증죄, 절도죄, 국가반역죄, 주류생산과 유통·판매 및 음주행위 등이 있다.

타우지르는 끼사스와 핫드에 해당되지 않은 항목으로 법관이 『꾸란』과 『하디스』에 근거해 양심에 따라 재판할 수 있는 영역이면서 통치자의 특별사면권이 허용되는 부분이다. 즉 끼사스와 핫드에서는 범죄구성 요건과 형량이 『꾸란』과 『하디스』에 규정되어 있어 국가 최고 통치권자의 특별사면권이나 법관의 재량권이 인정되지 않지만 타우지르에서는 법관의 재량권이 인정된다. 여기에 해당하는 항목으로는 성지 침범죄, 공공질서와 공중도덕을 파괴하는 행위, 이슬람을 비방하는 언행 등이다.

『꾸란』에는 "신앙인들로 하여금 저들에 대한 형 집행에 입회케 하라 하셨느니라"라는 내용이 있다. 형 집행의 공개를 요구하면서 가능한 많은 시민들이 입회하도록 요구하는 것이다. 따라서 언론과 매체를 통해 집행 일자와 장소를 공고해 가능한 많은 시민이 형 집행을 지켜보도록 유도한다. 공개된 형장에서 고의적 살인자는 목이 잘리고, 절도범은 그의 손이 절단되며, 간통을 한 기혼 남녀는 시민들이 던지는 돌팔매로 투석형을 받는다. 형 집행을 지켜보는 시민들은 "알라후 아크바르"를 외친다.

알라는 정의를 위한 것이 아니면 신성한 생명을 살해하지 말라고 했다. 알라가 말한 정의를 위한 사형은 다음의 세 가지 범죄에 해당된다.

끼사스가 적용되는 첫 번째 대상자는 살인자다.

두 번째는 배우자가 아닌 삼자와 성관계를 가진 자다. 성관계를 가진 장소와 행위를 목격한 네 명의 증인이 법정에서 그 사실을 증언하고 성관계 대상자가 기혼자일 경우, 두 명 모두 사형이 선고된다. 성관계를 가진 남녀가 법정에서 관계를 가졌다고 네 번 고백하면 이는 네 명의 증인으로 간주된다.

세 번째는 이슬람을 자발적으로 받아들인 후 이슬람을 배반하고 이슬람 공동체의 단결을 위협할 정도로 공개적으로 폭동을 주도할 경우다. 그러나 종교가 강요되어서는 안 된다는 『꾸란』의 가르침에 따라 이슬람을 강요하는 것은 허용되지 않는다.

이 세 가지 사건의 경우 이슬람법의 절차를 밟아 관계당국이 사형을 집행한다. 개인이 형을 집행하는 것은 허용되지 않는다. 국가의 안전과 혼란을 막기 위해서다. 그러나 법관은 살인자를 피해자의 가족에게 넘겨 그들로 하여금 법관이 지켜보는 앞에서 사형을 집행하게 할 수 있다. 가해자와 가해자 가족에 대한 피해자 가족의 분노와 복수심을 누그러뜨리기 위해서다.

자살하지 말라는 『꾸란』의 가르침에 따라 살인자에게 적용되는 것이 자살자에게도 적용된다. 자살은 알라가 신성시한 타인의 생명을 부정하게 앗아가는 것과 동일한 행위로 본다. 그 이유는 자신의 생명은 인간 자신의 것이 아니라 인간을 창조한 알라의 것이기 때문이다. 자살한 자는 알라의 자비를 빼앗겨 천국에 들어가지 못하고 알라의 분노를 사서 지옥불에 던져진다고 예언자는 경고했다.

절도범의 경우 초범일 경우는 오른 팔목이 절단되고 재범일 경우는 왼쪽 발목이 절단된다. 세 번째 절도범은 그의 왼쪽 팔목이 절단되고 네 번 이상의 상습적인 절도범은 판사의 재량에 따라 태형을 가하거나 투옥된다. 재범일 경우 발이 절단되는 형법 조항은 무함마드의 전통에 따른 것이다. 『꾸란』 학자들에 따라 해석의 차이는 있지만 재범이라 할지라도 발목은 절단되지 않으며 세 번째 절도범부터는 손발이 절단되지 않는다는 해석도 있다.

보관되지 않고 방치된 물건이나 감시되지 않는 물건 또는 일정 금액에 달하지 않는 물건을 비롯해 『꾸란』에서 금기하고 있는 술을 훔쳤을 경우에는 금액에 관계없이 핫드 형법이 적용되지 않기 때문에 손발이 절단되지는 않는다. 합법적으로 받아야 할 급여가 지급되지 않아 급여에 해당하는 금액을 훔친 경우도 마찬가지다. 그러나 훔친 재물이 부모나 자식, 남편이나 부인의 재산이 아닌 타인의 것이라면 손발이 절단되는 형벌이 적용된다.

이슬람에서는 남녀 간의 간음과 간통, 성폭력은 알라를 불신하는 무신론과 살인죄 다음가는 죄이자 인간성을 상실한 행위로 간주된다. 혼외정사를 한 남녀에게 가해지는 형량은 국가나 사법기관의 개입이 허용되지 않는 알라의 영역이다. 이에 대한 형량은 채찍 100대의 태형이다. 남자는 1년간 국외 추방을 당하며 여성의 경우는 집안에 감금된다. 이 형량은 미혼 남녀의 혼외정사일 경우다. 기혼 남녀의 혼외정사에는 사형이 선고된다. 무함마드의 전통에 따라 사망할 때까지 돌을 던져서 사형을 집행하는 투석형이 가해진다.

형 집행은 피고인들의 가슴까지 묻힐 만큼 땅을 파고 그 안에 간

통한 기혼남녀를 넣고 나면 군중이 돌을 던진다. 형 집행자 외에 최소한 네 명 이상의 일반 시민을 형 집행에 입회시켜야 한다. 단, 노예상태에 있는 남녀의 혼외정사에 대한 형량은 일반인의 절반인 50대이며 기혼남녀의 간통이라도 사형은 선고되지 않고 태형만 가해진다. 그러나 혼외정사를 당사자들이 부정할 경우에는 죄가 성립되지 않는다. 증인이나 목격자의 증언이 허위로 판단될 경우 이들에게는 중상모략죄가 적용된다.

동성(同性) 간의 성(sex)관계도 금지되고 있다. 합법적인 남녀 간의 성관계는 알라의 명령이지만, 동성 간의 성관계는 알라가 금지한 행위다. 동성 간의 성행위는 『꾸란』에 의해 금지되었고 형의 종류와 형량은 무함마드의 전통에 따라 사형이 선고된다. 동물과의 성행위는 판례 혹은 이슬람 법관들의 합의에 따라 태형을 가한 후 감옥에 투옥된다.

여성을 희롱하거나 중상모략을 하는 등 여성을 욕되게 하는 비행을 까즈프(qazf)라 한다. 이에 대한 『꾸란』의 형은 사법기관의 개입이 불가능한 핫드가 적용된다. 순결한 여성에 대한 중상모략이 허위로 판명되거나, 비록 여성의 비행이 사실이라 할지라도 이를 증명할 네 명의 증인을 세우지 못하면 중상모략자는 80대의 가죽 채찍 태형이 부과된다.

『꾸란』은 천국에 있는 술을 언급하고 있다. 천국에서의 음주는 장려되고 있으나 지상의 술은 모든 악의 모체로 규정된다. 그래서 음주행위는 악마의 행위이며 불결한 것으로 묘사되고 있다. 음주행위는 물론이고 주류 생산에서부터 판매행위 등 주류에 관계되는 일체의 행위는 불법이다. 예언자 무함마드는 인간의 정신을 환각상태로 만드는 모든 물질을 술(khamr)로 해석하면서 음주자는 물론 주류 판매자나 모든 주류 관계자들에게 신의 저주가 있을 것이라고 선포했다.

두 명 이상의 증언 또는 자백에 의해 음주자로 판명이 나면 80대의 형이 가해지는 데 반해 노예상태에 있을 때는 그 절반에 해당하는 40대가 가해지는 것이 『꾸란』의 실정법이다. 음주자의 건강상태가 정상이 아닌 경우에는 완치될 때까지 형의 집행이 유예된다. 형이 집행되는 시기는 음주자가 술에서 완전히 깨어난 이후이며 기후적으로는 혹서와 혹한을 피해 날씨가 가장 좋은 때에 형이 집행된다. 남자의 경우는 옷을 벗기고 땅에 앉힌 상태에서, 여성은 가벼운 옷을 입혀 형을 집행한다.

이슬람법과 형벌이 끔직스럽고 무자비해 공포를 조성한다는 비난이 있다. 이에 대해 이슬람사람들은 범죄를 사전에 예방해 사람들이 안심하고 살 수 있는 사회를 만들기 위해 이슬람법이 있다고 주장한다. 양치는 목동이 잃어버린 양 한 마리를 찾아 떠난다면 나머지 다른 양들은 늑대와 사자의 밥이 되어 목동은 결국 모든 양을 잃게 된다는 생각이다. 악종이 다른 곳으로 번지기 전에 썩은 부분을 도려내는 것처럼, 그리고 암세포가 다른 곳으로 퍼지기 전에 그곳을 완전히 제거해야 인간의 생명이 구제되는 것처럼, 사회악을 뿌리 뽑아야 건전한 사회가 만들어진다는 것이 이슬람법에서 말하는 정의다.

이슬람경제의 목표는? 물질적 복지사회 건설!

이슬람경제는 이슬람의 정치, 문화, 법률, 사회제도와도 밀접한 관련이 있지만 이슬람의 윤리와 도덕에 기반을 두고 있다. 창조주 알라의 권리에 대해 의무를 다하려는 인간의 마음과 모든 행동이 사후에 알라의 심판을 받게 되며 그 심판의 결과에 따라 은총을 받거나 처벌을 받는다는 믿음, 그리고 알라의 사도인 예언자 무함마드가 인류에게 전달한 신법과 그가 제시한 윤리와 도덕에 근거한 경제행위를 원칙으로 하고 있다.

이슬람경제의 궁극적 목표는 정신적 가치의 부동적 기반을 바탕으로 한 물질적 복지사회 건설에 있다. 이처럼 이슬람경제가 도덕과 윤리기반 위에 물질적 복지를 추구하는 것은 『꾸란』의 가르침 때문이다. 『꾸란』은 물질을 추구하되 타인에게 해를 끼치지 말라고 촉구하고 있다.

알라께서 베푸신 양식을 섭취하되
이 땅에 해악을 퍼뜨리지 말라.
믿는 자들이여! 알라께서 너희에게 허락한 것을
금기하지 말며 한계를 넘지 말라.

『꾸란』은 경제발전을 위해 자연과 우주의 적극적인 활용을 촉구하고 있다. 하늘과 땅에 있는 모든 만물은 인간의 복지를 위해 창조되었다고 보기 때문이다.

알라께서는 하늘에 있는 것과 땅에 있는 모든 것이
인간에게 유익하도록 하셨느니라.

이와 더불어 알라께서 치료방법을 마련해놓지 않은 질병은 없다고 말한 예언자 무함마드의 『언행록』은 인류의 복지를 위해 지속적인 연구와 노동을 통해 경제성장과 발전을 도모해야 한다는 의미를 제시하고 있다.

『꾸란』은 믿음이 바탕이 된 노동에 의한 소득을 가장 바람직한 물질로 간주한다.

예배가 끝나면 이 땅의 이곳저곳을 다니면서
노동을 통하여 알라의 은혜를 구하고 알라를 염원하라.
그리하면 너희가 번영할 것이니라.

이에 근거해 예언자는 구걸을 금지했다. 알라를 생각하면서 각자의 노동을 통한 소득이라야 그 양식의 신성함과 소중함을 깨닫고 정신적 건강을 갖게 된다는 것이다.

여러분은 각자의 동아줄을 잡고 산에 올라가
나무를 모아 각자의 등에 짊어지고 내려와 시장에 내다 팔아
생계를 유지해야 합니다. 구걸할 때 거절당할지 모릅니다.
그러므로 구걸하여 얻은 것보다 일하여 얻는 것이 더 좋습니다.
남의 양을 돌보고 임금을 받아 생계를 유지한 예언자가 있었고

사가랴(Zacharias)는 목수로 생계를 유지했으며
다윗은 손수 일하여 얻은 것 외에는 먹지 않았습니다.

예언자는 나무를 심고 논밭을 일구는 노동을 자비와 선행에 비유
하면서 노동을 통한 소득을 촉구했다.

사람들에게 어떤 것도 구걸하지 마시오.
자신의 노동으로 벌어들이는 것보다 더 나은 수입은 없습니다.
어떤 사람이 심어놓은 나무와 일구어놓은 논밭 덕분에
사람과 짐승과 조류가 먹고 산다면 그 나무를 심고
그 논밭을 가꾸어놓은 자의 행위는 자비요 자선입니다.

구걸을 하지 않고 노동을 통해 가정을 돌보는 자는 보름달처럼 빛
나는 얼굴로 알라를 영접한다고 하면서 노동의 정신적 가치와 종교
적 의미를 강조했다.

구걸하지 않고 가정을 돌보고 이웃에게 친절하며
합법적으로 살아가는 자가 있다면
그는 빛나는 얼굴로 알라를 만날 것입니다.

『꾸란』은 상거래를 통한 경제활동을 촉구하면서 동시에 거래의
속임이나 매점매석의 상거래는 금지하고 있다.

하늘을 두되 높이 두시고 균형을 두셨으니
이는 너희가 저울을 속이지 않도록 하기 위해서니라.
그러므로 무게를 달 때 저울이 부족하지 않게 하라.

결함이 있는 상품을 팔 때 그 사실을 소비자에게 알리지 않는 자는 처벌을 받아 마땅하다고 예언자는 강조했다.

결함이 있는 상품을 판매하면서
그것의 결함을 구매자에게 알리지 않았다면
그는 알라의 지속적인 노여움을 살 것이요,
천사들의 저주를 받을 것입니다.

윤리와 도덕을 무시한 경제발전은 인류를 위한 건전한 복지국가 건설은커녕 욕구불만의 분출, 음주, 혼외정사, 이혼, 범죄, 자살 등이 늘어나 인간의 정신적 행복이 파괴되고 그렇다고 정신적·종교적인 부분이 지나치게 강조되면 비현실적이 되어 결국 정신과 물질 양자의 가치관 간에 갈등이 심화되어 인간사회의 보편적 가치가 파괴된다고 보기 때문에 이슬람은 정신문명과 물질문명이 조화를 이루는 경제발전을 추구하고 있다.

이슬람금융에 이자는 없다

내가 이슬람 금융에 관심을 두게 된 시기는 1978년이다. 그 당시 나는 사우디아라비아에서 낮에는 학생이었지만 주말과 야간에는 그곳에 진출한 한국인을 대상으로 아랍어와 이슬람문화를 가르치는 전임교수로 일을 하면서 호주머니에 여윳돈이 두둑했다. 그래서 한국에서처럼 저축을 해야겠다는 생각이 들었다.

그 시절 한국에서는 저축이 미덕이었다. 저축은 경제발전과 개인의 부를 위한 수단으로 정부와 사회 모두에서 장려되었다. 이런 사회분위기와 함께 사람들이 저축을 하려고 했던 가장 큰 이유는 높은 이자율이었다. 높은 경제성장률이 가져다준 10퍼센트를 넘는 이자율이 은행으로 돈을 불러들인 것이다. 물가상승률을 고려하면 실질적으로는 제로 금리이거나 마이너스 금리인 현재로서는 상상하기 힘든 상황이다.

나는 한국의 저축붐을 생각하며 사우디아라비아의 한 은행을 찾아갔다. 그리고 예금이자가 얼마냐고 물었다. 그러자 돌아오는 대답은 "이슬람은 대출이자뿐만 아니라 예금이자도 허용하지 않는다"는 것이었다. 당황스럽고 이상한 기분이 들었다. 은행에 예금을 했는데 이자가 없다니, 그럼 은행은 왜 있는 것인지 의문이 들었다.

이것이 계기가 되어 나는 이슬람금융에 관심을 가지게 되었고 1980년 1월 30일자로 『이슬람법과 거래』라는 이름의 소책자를 발행해 국내에 기초적인 이슬람금융을 소개하기도 했다. 그러나 당시에는 한국정부는 물론이고 정치권, 국회, 학계, 금융권, 종교계의 어느 누구도 이슬람의 금융에 관심을 보이지 않았다. 그러나 지금은 상황이 다르다.

한국정부는 이슬람 금융, 특히 이슬람 채권(Sukuk)법을 도입하려고 한다. 이에 대해 기독교계는 결사반대의 입장이다. 종교의 자유가 허용된 나라임에도 종교를 이유로 자본의 이동을 막겠다는 것이다. 그렇지만 금융의 세계화 속에서 이슬람자본을 마냥 배척하기만 할 수는 없을 것이다. 일단 이슬람자본 도입에 대한 가부 논란은 뒤로 하고 이슬람권의 금융에 대해서 알아보는 것은 필요한 일이다.

> 이자를 취하는 자들은 악마가 스침으로 말미암아
> 정신을 잃어 일어나는 것처럼 일어나며 말하길,
> 상거래를 이자와 같은 것이라고 말하나 알라께서
> 상거래는 허락했으되 이자는 금지하셨느니라.
> 주님의 말씀을 듣고 이자를 단념한 자는 그의 지난
> 모든 과거가 용서될 것이며 그의 일은 알라와 함께하느니라.
> 그러나 고리대금업으로 다시 돌아가는 자가 있다면
> 그들은 지옥의 동반자로서 그곳에서 영주할 것이니라.

예언자 무함마드는 가장 큰 일곱 가지 죄 중의 하나는 이자를 취하는 것이라고 하면서 이자를 금지했다. 그에 따라 경제발전의 꽃이라 불리는 자본축적방법과 투자방법이 이자를 통해서 자본을 축적하는 자본주의 금융제도와는 큰 차이를 보인다.

『꾸란』이 이자를 금지하는 이유는 공평성과 무노동 무임금의 원칙에 근거한 것이다. 자금을 차입하는 측은 대개가 가난한 사람이기 때문에 이자 부과는 사회적 빈부격차를 심화시킨다. 불로소득은 성실한 근로를 저해하고, 저축에 대한 이자보상은 소비부족과 경제에 대한 유효수요 부족을 초래하게 되며 이자소득에 의한 부의 축적은 나태와 실업을 초래한다는 것이 이자를 금지하는 이유다. 이처럼 이슬람은 이자와 이윤을 엄격히 구분하고 있었다.

이슬람금융의 원리는 수익과 손실의 공유다. 자금 제공자는 채권자가 아닌 투자자로서의 권리와 의무를 갖는다. 그러나 자금 제공에 대한 확정이자는 받을 수 없으며 투자결과에 따른 수익과 손실을 배분받는다. 이슬람금융의 또 다른 원리는 불확실성과 투기(gharrar)에 관련된 거래 금지다. 이슬람법에서는 불확실성에 투자하는 상품을 판매하는 것은 고객에게 손실을 판매하는 것으로 간주된다. 그밖에도 이슬람법은 종교 가치와 배치되는 카지노, 도박, 포르노 산업, 주류업, 성 관련업, 마약, 담배생산, 돼지고기, 허용된 것(halal)이 아닌 제품생산과 유통에 대한 금융거래를 엄격히 금지하고 있다.

무이자를 기반으로 하는 이슬람 금융은 물질적 자본주의와 무신론적 공산주의의 결점이 보완된 제도다. 대출업무에서 이자 대신에 금융수수료를 받기도 하지만 원칙적으로 대출이자와 예금이자 기능은 갖고 있지 않으며 그 대신 투자업무를 주로 수행한다. 투자대상은 주로 부동산, 주식, 설비 리스, 이슬람 방식의 무역금융이며 모두 수익사업에 대한 위험방지를 채택하고 있다.

은행이 자본을 제공하고 사업가는 사업기회와 노동을 제공하는 수익배분 계약 형태인 무라바하(murabaha), 은행이 생산자에게 자금을 융자하고 생산 후 판매수입에서 이윤을 더해 융자금액을 회수하는 이스티스마라(istismarah), 무역금융 방식으로 상품의 구매 또는 수입에 대해 융자하는 대신, 은행은 고객이 제공한 명세서에 따라 상품을 직접 구입하거나 수입하고 이를 다시 고객에게 구매원가에 약정 이윤을 붙여 판매하는 무다바라(mudabarah), 지분투자와 유사한 것으로 은행과 고객 또는 기업이 조합계약을 체결해 자본금을 출자하는 무샤라카(musharakah), 은행이 자산을 소유하거나 구매해 고객에게 임대료를 받고 일정 기간 대여하는 방식으로 기간 만료 후 고객이 그 자산을 은행에 반환하거나 선택적으로 취득할 있는 일종의 리스계약인 이자라(ijarah), 공산품, 농산물이나 광산물 등의 상품을 사전에 정한 가격으로 선불 구매하는 살라프(salaf)의 형태가 있다.

우리나라에서 이슬람 채권과 도입에 관한 법제정을 놓고 논란이 되고 있는 수쿠크 역시 이슬람 금융의 일종이다. 실물거래는 허용하되 이자는 금지한다는 『꾸란』의 가르침 때문에 이슬람 채권을 발행한 기업체는 확정 이자를 지급하는 대신 기업체 소유의 부동산을 이슬람 투자업체에 서류상으로 판매하고 그 기업체는 다시 그 부동산을 임대하는 형식으로 계속 사용하면서 임대료를 투자업체에 지불한다. 그리고 기업체는 채권발행으로 모은 자본을 이슬람에서 허용된 사업에 투자해 이익이 발생하면 그 부동산을 팔았던 가격으로 되사들인다. 이런 식으로 채권의 원금을 갚게 되어 원금과 이자가 아닌 원금과 거래에서 발생하는 이윤을 주는 것이다.

전문가들은 우리나라가 외환위기와 금융위기를 겪으면서 외화차입을 미국이나 일본에만 의존하는 데 한계가 있다는 것을 지적하고 있다. 이슬람 채권법은 오일달러의 축적으로 외화가 풍부한 주요 이슬람 산유국들의 외화를 차입 할 수 있는 제도를 마련함으로써 외화차입의 경로를 다양화하여 외환위기에 대처할 수 있게 해줄 것이다.

또한 이슬람권에 진출한 한국 기업들이 필요로 하는 자금을 낮은 이율로 확보할 수 있는 기회를 만들어주며 한국에 대한 투자유치를 보다 쉽게 할 있는 등 한국 금융업에도 적지 않은 기여를 할 수 있을 것이다. 우리가 종교적 갈등을 뒤로하고 이슬람과 발전적인 상호관계를 모색해야 하는 이유다.

판사는 한국인들에게 이전의 종교를 버리고
이슬람교로 개종하게 된 동기를 주로 물었다.
통역도 내가 해야 했다. 그런데 그들이 개종 동기를 말할 때
나는 그것을 곧이곧대로 옮길 수가 없었다.
성지에서 공사를 하기 위해서라거나 돈을 많이 준다고 해서
개종한다고 하면 허가를 해줄 리가 만무했기 때문이다.
30년도 지난 일이지만 해외에서 돈을 벌기 위해 종교를 바꾸고,
거짓말로 통역해야 했던 상황을 돌이켜보면 지금도 마음이 아프다.

수니파와 시아파, 분열의 역사

1992년 1월 30일부터 10일 동안 이란의 수도 테헤란에서 열리는 국제『꾸란』 암기대회에 이란 정부의 초청을 받았다. 나를 포함해 한국에는 꾸란 전 분량을 암기하는 사람이 아무도 없다. 그런데도 이 대회에 초청을 받은 것은『꾸란』을 한국어로 번역한 업적을 인정받아 옵서버 자격을 얻었기 때문이었다.

일정에 따라 1979년 이슬람혁명에 성공한 이맘 호메이니(Ayatollah Ruhollah Khomeini, 1900~89)가 살았던 관저 방문을 시작으로 그의 유체가 묻혀 있는 이맘호메이니 대성원을 방문하면서 수니파 이슬람국가와 차이가 있음을 알게 되었다. 예언자 무함마드의 후손이라고 자처하는 젊은이들이 많았고, 하루 다섯 번 드리는 예배 중 새벽예배와 정오예배를 합치고, 한낮예배와 석양예배를 합쳐 세 차례만 보고 있었다. 사우디아라비아와는 전혀 달랐다. 특히 이맘이 대통령 위에 군림하고 있었다.

사우디아라비아에서 이맘의 직분은 예배를 집전하거나 금요 설교를 담당하는 것이다. 이맘도 사람이므로 오류와 실수를 범할 수 있고 혼자 예배를 할 경우는 무슬림 남녀를 불문하고 누구나 이맘의 역할을 할 수 있다. 이와 달리 이란에서 이맘은 실수나 오류를 범하지 않으며 누구나 이맘이 될 수 없는 성직자 신분이다.

사우디아라비아와 이란의 이슬람이 차이를 보이는 이유는 역사적인 배경이 다르기 때문이다. 사우디아라비아는『꾸란』에 능통하고 예언자의 '전통'을 준수하는 자가 지도자가 되어야 한다는 수니파(ahl al sunna)다. 이란은 예언자의 '혈통'을 이어받은 알리(Ali bin

Abi Talib)와 그의 후손들이 지도자가 되어야 한다는 시아파(ahl al shiyah) 무슬림들이다. 시아파 무슬림들은 예언자 무함마드의 영적 지도력이 이맘에 의해 계승되어야 한다고 보기 때문에 알리를 첫 번째 이맘으로 받들고 그의 자손 열한 명만이 이맘의 권위를 이어받을 수 있다고 믿는다.

예언자 무함마드가 사망하자 후계자 선정 문제를 놓고 메카 이주민들(al muhajirin)과 무함마드에게 안식처를 제공한 메디나 후원자들(al ansar) 사이에 논란이 불거졌다. 무함마드가 후계자를 정하지 않았기 때문이다. 아부바크르(Abū Bakr, 570년경~634) 같은 인물이 지도자로 선출되기를 바란다는 내용의 무함마드의 마지막 예배와 기도는 어느 정도 영향이 있었다. 예배와 기도는 이슬람의 다섯 가지 기본 원칙 순위에서 두 번째를 차지한다. 그러나 무함마드가 아부바크르를 마음에 두었을지는 모르지만 후계자로 지명한 것은 아니었다. 다수의 주장은 무슬림들이 후계자를 선출해야 한다는 것이었다.

후계자 선정 문제를 놓고 불화가 발생하기는 했지만 이슬람교가 생기기 이전의 부족장 선출방법에 따라 아부바크르가 제1대 칼리프로 선출되었다. 부족장이 되기 위해서는 몇 가지 자격 조건이 있었는데, 연장자로서 재력이 있어야 하며 자손들을 두고 있어야 했다. 아부바크르는 이 조건을 다 갖추고 있었을 뿐만 아니라 예언자 무함마드와도 밀접한 관계에 있었다. 어려서는 죽마고우였고 성장해서는 정치적·사상적 동지였으며 정치헌금을 많이 바쳤던 인물이다. 무함마드가 하산(下山)해 알라의 계시를 받았다고 외쳤을 때 모든 사람이 그를 정신병자로 취급했지만 아부바크르는 그의 말을 절대적으로 믿고 따랐다.

그러나 무함마드의 삼촌 압바스(Abbas)와 무함마드와는 사촌 관계이면서 그의 사위가 된 알리(Ali ibn Abi Talib, 600년경~661) 지지파들은 아부바크르에게 신복할 것을 거부했다. 이들은 예언자의 혈통을 이어받은 알리만이 이슬람 공동체의 합법적인 통치자가 될 수 있다고 주장했다. 즉 예언자의 딸 파티마(Fātimah)와 결혼한 알리와 그의 후손들만이 예언자의 통치권을 계승할 합법적 권리가 있다고 해석한 것이다. 그들은 아부바크르가 알리의 권리를 강탈했다고 비난했다.

이 사건으로 인해 이슬람 공동체는 통치권 문제를 놓고 『꾸란』과 순나(sunnah: 예언자의 전통)에 정통한 자들이 후계자가 되어야 한다는 집단과, 『꾸란』과 예언자의 가르침을 따르되 예언자의 피를 이어받은 자만이 후계자가 되어야 한다는 집단으로 분열되기 시작했다. 전자를 옹호하는 무슬림은 자신들이야말로 이슬람공동체를 올바른 길로 인도해갈 자들(al rashidun)이라고 하면서 정통성을 주장했고, 후자를 지지한 구성원들은 혈통주의를 주장하면서 후에 시아(shiyah) 정당과 종파로 발전해갔다. 이것이 오늘날의 수니파와 시아파의 기원이다.

『꾸란』에 의존한 문민제국과 칼에 의존한 군사제국

『꾸란』은 모든 인간을 유목민(badawi)으로 표현하고 있다. 지상에서 잠시 머물다가 예외 없이 모두가 저세상으로 떠나기 때문이다.

무함마드는 메카에서 13년간 임무를 수행하다가 622년 메디나로 도읍을 옮긴 후 그곳에서 10년 동안 복음을 전파해 아라비아 반도를 하나의 신정국가(神政國家)로 통일시키고 63세로 신의 대리임무(khalifa)를 끝낸다.

무함마드 사망과 더불어 23년간 이어진 '신의 대리 통치시대'는 막을 내리고 아부바크르, 우마르, 오스만, 알리에 의한 정통 4대 칼리프가 계승한 순수 인간통치시대가 약 30년간 전개된다. 이 기간은 이슬람의 황금기로 묘사된다. 당시 중동 지역에서 양대 세력을 이루고 있던 비잔틴제국과 페르시아제국의 대부분이 이슬람의 지배를 받으면서 이슬람문화는 화려한 비잔틴문화와 다양한 페르시아문화의 양분을 흡수하면서 이슬람문화가 다양한 모습으로 발전하기 시작한다.

660년 제4대 칼리프 알리가 피살되면서 아라비아 반도 무슬림이 주역이 된 30년 동안의 정통칼리파 시대가 끝나고 시리아 무슬림의 무대가 된 우마위야조 시대가 열린다. 오랫동안 비잔틴제국의 예속국가로 있으면서 많은 영향을 받아왔던 시리아가 아랍에 정복되면서 무아위야가 이곳 총독으로 임명된다. 알리(Ali)와의 싸움에서 승리한 그는 종교보다는 정치에 역점을 두고 비잔틴제국의 정치제도를 모방한 절대군주 세습제도를 채택했다.

이 시대의 칼리프들은 그들의 정치적 목적을 달성하기 위해 『꾸란』 대신 칼을 들었다. 무함마드와 정통 4대 칼리프들이 영토를 확장하고 이슬람문화를 전파하는 방법으로 손에 『꾸란』을 들었다면 우마위야조 90년, 약 1세기 동안 위정자들은 통치수단으로 손에

시리아 다마스쿠스 중심부에 위치한 우마위야 성원.
무아이야가 자신의 가문 이름인 '우마위야'를 붙여 만든 성원이다.
이 성원은 우마위야조의 전성기를 상징하는 건축물 중 하나다.

『꾸란』 대신 칼을 들었다. 이것을 두고 서구학자들은 이슬람교가
'한 손에는 『꾸란』, 한 손에는 칼'에 의해 전파되었다고 묘사했는지
도 모른다.

　이슬람세력은 동쪽으로는 인도와 중국 변방까지, 서쪽으로는 아
프리카 대륙의 북서부까지 전파되어 나갔다. 칼의 힘은 무섭지만 오
래가지 못한다는 역사의 교훈에 비추어볼 때 이슬람문화가 15세기
동안 이어질 수 있는 것은 칼보다는 『꾸란』의 힘 때문이었다. 예언
자 사망 후 80년이 되던 711년에는 유럽의 관문이면서 기독교문화
를 꽃피웠던 에스파냐(Andalusia)가 이슬람의 정복을 받게 된다.

북아프리카 지역의 원주민(berber) 출신의 타리크(Tariq)와 무사(Musa)가 지휘한 무슬림 군대가 이곳을 정복함으로써 지중해는 이슬람국가에 둘러싸인 아랍인의 호수가 되었다. 이 무렵 이슬람제국의 국경은 서쪽으로 프랑스, 동쪽으로 인도에까지 이르게 된다. 이때 타리크의 군대가 승선한 전함이 푸른 섬(al jajira al khadra)에서 잠시 정박했다. 그 후로 이 섬은 타리크의 산, 즉 '지발 타리크'(jibal tarik)라 불리게 되었는데 지금의 지브롤터(gibraltar)가 바로 이곳이다.

90년간 이어진 우마위야조는 다마스쿠스를 수도로 한 절대 아랍인의 시대였기 때문에 비아랍 무슬림은 푸대접을 받았다. 아랍민족과 아랍어에 대한 우월성을 내세운 아랍민족주의는 비아랍인의 분노와 노여움을 사게 되었고, 사치와 향락생활에 빠진 통치자들의 타락은 우마위야조의 멸망을 자초했다.

영광의 바그다드, 몽골에 무너지다

예언자 무함마드가 죽은 후 그의 삼촌 압바스(Abbas, 721~754)는 호시탐탐 정권장악의 기회를 노리고 있었다. 압바스 가문은 우마이야조의 아랍인 절대 우대정책으로 찬밥신세가 된 비아랍 페르시아(지금의 이란) 무슬림들의 세력을 등에 업고 저물어가는 우마위야조를 무너뜨리는 데 성공함으로써 750년부터 1258년 몽골에 멸망할 때까지, 약 500년 동안 압바스조 시대를 열었다.

압바스 가문은 비아랍인 페르시아 사람들의 지지를 얻고 다른 한편으로는 절대 권력을 행사할 목적으로 사산조 이후 페르시아에 널

246

리 보편화되어 있었던 왕의 신성권리를 통치 권력에 도입하면서, 통치자의 권리는 인간으로부터 오는 것이 아니라 신(神)에게서 부여받는 것이라고 선포했다.

754년 제2대 칼리프가 된 만수르(Mansur, 709년경~775)는 자신이 알라의 대지를 다스릴 통치자라고 선포했는데, 이는 예언자 무함마드의 사망과 더불어 신성권리는 종료되었다고 주장한 전임자들과는 대조를 이루고 있다. 신성권리를 나타내는 표식으로서 종교 행사에 참석하는 칼리프는 예언자 무함마드가 입었던 망토를 걸친 채 한 손에는 무함마드의 홀(忽)을 들고 신하들로부터 충성의 맹세를 받았다. 신성권리는 오류나 실수를 하지 않는 사람에게 주어지는 것이므로 압바스조의 칼리프들은 이맘이란 칭호도 사용했다.

바그다드는 고대 페르시아인이 티그리스 강 서안에 세운 고대 도시로 '평화로운 도시' '정원'이란 의미를 갖고 있다. 중국과 페르시아 상인들이 진귀한 상품을 가지고 드나들던 무역도시인 이곳을 압바스조가 수도로 택하면서부터 바그다드는 시리아와 바스라 등 주변 도시에서 동원된 기술자와 벽돌공과 장인에 의해 새로운 도시로 변모했다. 도시 중심부에 금으로 장식된 만수르 궁전이 세워졌는가 하면 주변 외곽에는 이슬람 성원과 목욕탕의 숫자가 늘어갔다.

건축양식은 우마위야조 시절에 아랍인이 보여준 단조로움에 비해 화려하고 우아한 페르시아 양식이었다. 이렇듯 압바스조 초기의 바그다드는 무역의 중심지이자 과학과 예술, 부(富)의 근원지가 되었고, 화려한 건축양식으로 세워진 웅장한 건물과 아름다운 공원은 이슬람예술의 상징을 대변하는 도시로 발전했다. 만수르 칼리프를 보좌했던 대신(大臣) 라비으(Rabiʼ)는 "바그다드에서 살다가 그곳에서 임종하는 자는 곧장 천국으로 들어갑니다"고 할 정도였다.

제5대 칼리프인 하룬알라시드(Harun al-Rashid, 766년경~809) 시대에 바그다드의 번성은 절정에 달했다. 비단길을 통해 중국과 인도의 진귀한 상품이 들어왔다. 아프리카 대륙으로부터는 황금, 상아, 노예가 수입되었다. 페르시아에서는 미인들이 갖고 싶어하는 진주와 비단이 들어왔다. 중국에서는 비단, 향료, 도자기가, 인도에서는 루비, 은, 흑단, 염료가, 그리고 시리아로부터는 화려한 유리제품과 아라비아 향수가 들어왔다. 그러니 바그다드는 무역의 중심지가 되었을 뿐만 아니라 문학도의 키블라(qiblah: 방향)가 되었다.

초기 압바스조 아랍인은 페르시아 사람을 통해서 그리스철학과 학문을 배웠다. 페르시아인은 비잔틴제국의 유스티니아누스 황제가 추방한 네스토리우스파 사상가와 플라톤의 제자들로부터 그리스학문을 받아들여 문화와 예술을 발전시키고 있었다. 따라서 학자나 예술가 대부분이 페르시아 태생이었다. 이 사실은 예언자 무함마드의 『언행록』에서 잘 입증되고 있다.

지식이 하늘 끝에 매달려 있었다 하더라도
페르시아인의 일부는 그곳까지 올라갔을 것입니다.

압바스조가 건국된 지 200년 만에 통치권은 아랍인의 손에서 페르시아 무슬림 수중으로 넘어갔다. 그러나 그 후 넘어간 통치권은 다시는 아랍인의 손에 돌아올 수 없었다. 페르시아로 넘어간 통치권은 다시 튀르크계 유목민에게 넘어간다. 압바스조의 제26대 칼리프 카임(Al Qaim)이 튀르크계 셀주크 출신 투그릴베에게 술탄(sultan)이란 통치권을 이양함으로써 튀르크인의 시대가 펼쳐진다. 본래 술탄이란 칼리프로부터 권력을 위임받아 제국을 통치하던 자의 칭호였으나 칼리프의 권력이 실추되자 각 지방의 지배자들이 이 칭호를 사용했다. 이 권리를 투그릴베에게 이양하면서 칼리프의 시대가 끝나고 술탄의 시대가 열린 것이다.

압바스조의 새로운 주역이 된 셀주크 술탄들은 이슬람신앙을 지키는 수호자였다. 그들은 십자군 전쟁에서 탁월한 능력을 발휘했다. 또한 문화와 예술을 장려하며 이슬람문화를 발전시켰다. 점성학이 발달하면서 천문대가 설치되었고 과학과 종교분야 연구에 대한 지원이 크게 확대되었다. 바그다드에는 대학이 설립되었다.

셀주크 통치기간 중 노예로 팔려와 이슬람교육을 받은 후 칼리프 또는 술탄의 궁궐에서 왕자들의 경호원 역할을 했던 튀르크계 백인을 가리켜 맘루크(mamluks: 노예들)라 했는데, 이는 '주인이 있는 사람' 또는 '노예'라는 뜻이다. 이들 중에서 특별한 재능이나 충성심이 인정된 맘루크는 왕자의 개인 교수로 발탁되거나 군(軍) 지도자 또는 지역 총독으로까지 임명되었다. 이들 중에서는 왕자들을 양육하고 가르쳤다는 의미로 '왕자의 아버지'(atabec)란 칭호를 받은 이도 있었다. '아타'(ata)는 아버지, '베크'(bec)는 왕자라는 튀르크 말이다. 이렇듯 충성을 바쳐오던 이들이 정권장악을 목적으로 반란을 일으켜 권력을 장악한다. 압바스조의 셀주크 시대가 저물어가면서 노예들의 시대가 열리게 되는데 이슬람 학자들은 이 시대를 가리켜 맘루크조(1250~1517)라 부른다.

13세기 초 이슬람제국은 내분으로 몸살을 앓고 있었다. 바그다드에서는 봉급인상을 요구하는 군인들의 목소리가 높아갔고 아랍인을 중심으로 한 수니파와 페르시아인이 중심인 시아파 간의 반목과 갈등이 제국의 질서를 붕괴시켰다. 티그리스 강의 홍수와 관개시설에 대한 무관심은 이라크 영토를 황폐화시켰다.

이러한 상황에서 칭기즈 칸이 이슬람국가에서 몽골 상인 몇 명이 피살된 사건을 구실 삼아 이슬람제국의 수도인 바그다드 침략에 나섰다. 그는 『꾸란』을 기본으로 회법과 윤리법(yasak)을 제정했다. 간음한 자와 위증자를 처형하는 등 이슬람법을 그대로 적용하면서 예언자 무함마드의 친인척, 『꾸란』 낭송 및 암기자(hafiz), 이슬람학자(ulama), 독실한 무슬림을 우대했다. 이는 이슬람통치자들의 환심을 사기 위한 방법이었고 바그다드 정복을 위한 칭기즈 칸의 전략이었다.

몽골이 이슬람제국을 정복해 저지른 테러와 학살, 도시와 경작지의 황폐화는 인류역사에서 그 유례를 찾아볼 수 없을 정도였다. 칭기즈 칸의 군대는 눈사태처럼 이슬람의 중심지들을 휩쓸었다. 웅장한 궁전은 형체는 찾아볼 수 없을 정도로 파괴되고 과실수로 가득찬 아름다운 정원들은 벌거벗은 황무지로 변해버렸다. 한 이슬람사학자는 칭기즈 칸의 군대가 휩쓸고 간 후의 모습을 다음과 같이 묘사하고 있다.

알라께서 아담을 창조한 이래 이러한 참상은 없었을 것이다. 인류 역사에서 가장 큰 재앙을 말한다면 네부카드네자르가 이스라엘 민족을 학살한 사건일 것이다. 그러나 칭기즈 칸의 군대가 점령한 한 도시에서 살해된 무슬림 숫자는 이스라엘 민족이 학살된 숫자와 비교가 되지 않을 정도였다. 제37대 칼리프 무으타심이 1258년 칭기즈칸의 군대에 항복하니 500년 동안 이슬람대제국을 지배해왔던 압바스조가 막을 내리게 되었다.

이로써 찬란한 이슬람문명의 꽃을 피웠던 바그다드도 사람들의 기억 속에서 희미해져갔을 뿐이다.

콘스탄티노플 함락과 유럽의 부흥, 아랍민족주의 탄생

소아시아 지역 이슬람국가들은 몽골의 침략에 뒤이어 1299년 오스만튀르크에 정복을 당한다. 오스만튀르크의 시조는 중국 북부지역에 거주하고 있던 오르훈 부족에서 비롯된다. 오스만튀르크는 13세기 몽골인의 침략에 밀려 서쪽으로 이동하다가 소아시아 고원지대에 살고 있던 동족 셀주크튀르크인에게 피신처를 구했다.

셀주크튀르크인은 오스만튀르크인에게 비잔틴제국 변방에 은신처를 제공했고 이들은 이곳에서 목축업을 하면서 터전을 구축했다. 오스만튀르크 세력은 점점 확대되어 비잔틴제국의 변방지역을 조금씩 잠식해갔다. 1453년에는 지금까지 아랍인이 실패를 거듭했던 비잔틴제국의 수도 콘스탄티노플 정복에 성공했다. 이로써 이슬람제국은 가장 신성한 선물 메카와 가장 아름다운 선물 에스파냐 정복에 이어 가장 부유한 콘스탄티노플을 얻게 되었다. 콘스탄티노플은 이슬람불(islambul)로 개명되어 오늘날 이스탄불이 되었다. 이슬람불은 '이슬람의 본산' 또는 '이슬람의 도시'라는 의미다.

오스만튀르크는 방대한 영토 확장에는 성공했으나 압바스조가 바그다드를 중세기 문화의 중심지로 만든 것처럼 이스탄불을 지적 활동무대로 만들지는 못했다. 오스만튀르크의 콘스탄티노플 점령은 오히려 암흑기에 빠져 있던 유럽문화를 일깨우는 계기를 만들었다. 콘스탄티노플이 함락되자 그곳에 있던 그리스학자들이 과학이나 문학에 관한 귀중한 자료를 가지고 이탈리아로 넘어가 그곳 대학에서 강의를 하기 시작했다. 그 결과 그리스의 문학·과학·예술이 유럽 전 지역에 소개되면서 유럽의 문예부흥, 즉 르네상스가 시작되었다. 로버트 브리폴트(Robert Briffault)는 르네상스의 기원에 관해 다음과 같이 언급하고 있다.

15세기 유럽의 르네상스는 실제로 아랍인과 무어인의 문화가 토대가 되어 일어났다. 이탈리아가 아닌 에스파냐가 유럽 재탄생의 요람 역할을 했다. 유럽이 야만주의로 점차 침체된 후 무지와 타락이 절정에 이르렀을 때 바그다드, 카이로, 코르도바, 톨레도 등의 도시는 사라센 문명의 지적 활동중심지로 발달하고 있었다.

이들 문화의 영향을 받으면서부터 유럽의 문예부흥이 시작된 것이다. 아랍인이 없었다면 근대 유럽문명은 결코 성장할 수 없었을 것이다.

오스만튀르크가 16세기까지 군사 강대국으로 남아 있기는 했지만 유스티니아누스 대제가 건립한 성 소피아 교회를 이슬람 성원으로 개조한 것이 유럽의 기독교인을 크게 자극하여 오스만튀르크에 대한 분노를 폭발시켰다. 뿐만 아니라 17세기까지의 오스만튀르크 제국의 술탄이나 지도층은 유럽 과학문명의 발전에 관심을 갖기는 커녕 영토 확장으로 자만에 빠지면서 스스로 병들어갔다. 후세의 한 역사학자는 이때의 오스만튀르크를 '병든 남자'로 기록할 정도였다.

1798년 프랑스의 이집트 침공으로 오스만튀르크 제국의 행정과 군사제도의 불합리성과 허점이 노출되자 기회를 노리고 있던 유럽세력이 근동 아랍국에 대한 정복에 나섰다. 아랍에 대한 유럽의 침공은 보수적인 이슬람사회에 서구의 자유사상과 유럽의 문예부흥이 이집트 국민을 비롯한 아랍인에게 민족정신을 불어넣는 계기가 되었다. 오스만튀르크 지배하에 있던 아랍인이 오스만튀르크의 독재에 항거하고 한편으로는 아랍에 대한 유럽의 개입에 반대하는 아랍민족주의를 제창하기 시작했다. 설상가상으로 오스만튀르크가 독일군에 가담해 연합군에 대항한 제1차 세계대전에서 패망하자 오스만튀르크 제국은 최후를 맞게 된다.

1917년 바그다드가 영국군에 점령당하고 시리아의 알레포가 영국에 넘어가면서 이슬람세계는 뿌리 채 흔들렸다. 1919년 파리회의에서 미국의 윌슨 대통령이 평화원칙을 제창하고 아랍세계에 대한 문제가 거론되었다. 이로서 오스만튀르크 지배하의 모든 아랍민족은 자주독립의 기회를 갖게 되었다. 그러나 파리회의는 전승국의 이익만을 생각했을 뿐 약소민족의 장래에 대해서는 아무런 계획이 없었다. 영국과 프랑스의 비밀협정에 따라 이라크, 팔레스타인, 요르단은 영국이, 시리아는 프랑스가 각각 통치하게 되었다.

케말 아타튀르크(케말 파샤, 1881~1938)는 튀르크의 근대화라는 명목으로 전통적 이슬람 복장과 아라비아 문자 사용을 금지시키고 이슬람법 대신 서구의 근대법을 도입했다. 칼리프 또는 술탄 같은 전통적 이슬람 통치 명칭도 폐지했다. 금요일 합동예배조차 공식으로 인정하지 않겠다고 선언함으로써 그는 이슬람정치제도를 벗어버리고 근대 서구식 정치제도를 도입한 튀르크 민족주의의 대부가 된 것이다.

18세기부터 일기 시작한 아랍민족주의 운동은 지역 개념을 만들어냈다. 국가는 같은 무슬림이라도 자국의 무슬림 보호에 우선해야 한다는 원칙이 만들어진 것이다. 국가와 민족, 피부색깔을 초월한 범세계적 이슬람사상이 국가를 중심으로 한 국민 우선주의 사상으로 변해갔다. 이전까지만 해도 아랍 무슬림은 오스만튀르크 무슬림을 외국인으로 보지 않고 이슬람으로 맺어진 동족으로 생각해왔으나 민족주의 출현과 더불어 오스만튀르크인을 외국 무슬림 또는 아랍에 대한 침략자로 간주했다. 그 결과 이슬람제국의 무슬림이란 용어 대신 국가를 중심으로 한 국적을 가진 무슬림으로 분화된 것이다.

팔레스타인을 둘러싼 아랍 무슬림의 반미감정

팔레스타인을 에워싼 분쟁의 도화선은 제1차 세계대전 때 시작되었다. 1917년 영국의 밸푸어 외상이 영국 식민지하에 있던 팔레스타인에 유대인 국가건설을 약속했다. 이 사건은 전통적으로 보수성이 강한 아랍 무슬림의 분노를 자아냈다. 서방의 지원으로 1948년 이스라엘 국가가 건국되자 아랍 무슬림은 반서구 운동을 전개하면서 시오니즘에 대항한 성전(jihad)을 촉구하고 나섰다.

제2차 세계대전 이후의 이슬람세계는 정치적·군사적 격변기로 정치체제의 변화를 맞게 된다. 사회주의 혁명이 아랍 민족주의와 연계되면서 일부 왕정체제가 붕괴되고 사회주의, 공화정, 이슬람 원리주의 국가가 등장했다. 이와 같이 다양한 정치체제를 갖춘 소수 아랍 독립 국가들은 신(神)의 선물이라 할 수 있는 오일 달러를 무기 삼아 소외되어왔던 그들의 위상을 국제사회에 부각시키면서 이스라엘을 고립시켰다.

1990년 8월 2일 이라크의 쿠웨이트 점령은 그동안 세상에 알려지지 않았던 유럽 열강이 남긴 식민지 잔재를 들추어내고 한편으로는 아랍 민족주의와 범이슬람세계의 내적 갈등을 드러낸 사건이다. 오스만튀르크제국 시절 지금의 쿠웨이트는 이라크 남부 바스라 성에 소속된 주(州)였다. 쿠웨이트 점령은 잃어버린 자기 땅을 찾는 정당한 방법이었다는 것이 이라크의 사담 후세인이 내세운 명분이었다.

이라크가 쿠웨이트를 점령하기 직전 사담 후세인을 본 적이 있다. 1990년 6월 18일 나를 포함한 700여 명의 전 세계 이슬람 지도자들이 참석한 바그다드 회의에서였다. 사담 후세인의 연설 한 구절 한 구절마다 터져 나온 우레와 같은 박수소리가 회의장을 열광의 도가니로 만들었다. 그는 나세르(Naser, 1918~70)가 이집트의 지도가 되어 영국을 이집트에서 몰아낸 것처럼 제2의 나세르가 되어 유대인들이 점령하고 있는 팔레스타인 땅을 찾을 것이요, 살라딘이 되어 이슬람의 세 번째 성지 예루살렘을 해방시키겠다고 호언장담했다. 그러기 위해서는 아랍의 단결과 무슬림들의 후원이 필요하다고 호소했다. 한편 유대인을 비롯한 서구세계는 후세인이 제2의 히틀러가 될 것이라며 일제히 그를 비난했다.

아랍과 이슬람세계에 영광을 안겨다 주겠다고 공언한 후세인은 그해 8월 2일 아랍국이며 이슬람 형제국가인 쿠웨이트를 기습 점령했다. 이를 계기로 22개 아랍권은 사우디아라비아를 중심으로 한 친 서방 아랍민족주의 세력과 이라크를 중심으로 한 반미(反美) 아랍민족주의 두 파로 분열되었다.

이라크의 쿠웨이트 침공은 서구세력과 시오니즘에 대한 저항운동을 부르짖어왔던 그들 스스로가 서구세력의 재개입을 초래했다. 친서방 국가인 쿠웨이트에 대한 반미 국가인 이라크의 쿠웨이트 점령은 서구에 대한 도전으로 간주되었다. 특히 정치 · 외교 · 군사 · 경제 분야의 손익을 계산한 서구세계가 후세인의 쿠웨이트 점령을 그대로 방치할리가 없었다. 일부 아랍인은 미국이 재래식 무기를 처분하고 신무기를 실험하면서 동시에 미군의 걸프지역 주둔을 얻어내기 위한 서방의 전략에 따라 이라크의 쿠웨이트 침공을 미국이 묵인했을 것이라고 말하고 있다.

1991년 1월 17일, 미국 주도하에 34개국으로 구성된 다국적 군대가 쿠웨이트 해방이라는 명분을 내세워 이라크를 공격했다. 형제국가를 점령한 이라크를 비난하던 아랍인과 무슬림조차 이슬람의 긍지요 문화의 중심지였던 바그다드가 초토화되는 모습을 지켜본 순간부터 미국을 위시한 서구세력에 분노를 터뜨리기 시작했다. 이라크의 쿠웨이트 점령을 비합법적이며 용납될 수 없는 야만적인 행위로 규정해 바그다드를 공격하면서도, 1300년 동안 살아온 팔레스타인 땅과 레바논의 남부지역과 시리아의 골란고원을 점령하고 있는 이스라엘의 침략행위에 대해서는 묵인하거나 지원하고 있는 미국과 서방세력에 대해 반감이 일기 시작한 것이다. 아랍세계에 대한 미국의 개입과 이스라엘과 아랍국가 간의 갈등은 전쟁의 갈등을 고조시키고 있다. 아랍문제는 국지적인 문제가 아니라는 점을 인식하고 평화로운 해결을 위해 노력해야 한다.

한국과 이슬람의 조우

한반도에 도착한 아랍인의 흔적

사학자 이용범은 처용설화(處容說話)에 나오는 처용을 아랍에서 온 무슬림상인으로 해석한다. 아랍상인들이 신라와 교역을 하기 위해 한반도의 울산항을 드나들던 시점을 한—아랍의 접촉 시점으로 보았고, 일본학자 고바타 아쓰시(小葉田淳)는 851년 아랍인 술레이만이 저술한 지리책에 신라가 표기되어 있음을 밝혀냈다. 9세기 중엽부터 이슬람교인들이 신라에 들어와 황금을 구입해 갔다고 했으며, 독일의 리히트호펜(Fredinand Paul Wilhelm Richthofen, 1833~1905)은 이것이 서구 문헌에 나타난 한반도에 대한 최초의 기록이라 했다.

이에 근거하면 아랍 무슬림상인이 한국에 발을 들어놓은 것은 약 1200년 전으로 거슬러 올라간다고 볼 수 있다.

한국민속학연구소장 최상수는 『한국과 아랍과의 관계』에서 고려사(高麗史)를 인용한다. 그것을 토대로 아랍인이 한반도에 처음 들어온 것은 1024년 고려 현종 15년 9월 엘라지(Al—Raji: 悅羅慈)를 포함 100여 명이 와서 공물을 바쳤던 것이 기록으로 남아 있는 한국과 아랍 간의 첫 교류였으며, 그다음 해 1025년 고려 현종 16년 9월에는 하산(Hassan: 夏訖)과 라지(Raji: 羅慈)를 포함 100여 명이 내한해 공물을 바친 것이 두 번째 교류였다고 했다.

코리아(Korea)의 유래

그 후에도 아랍상인은 교역을 하기 위해 고려를 자주 찾게 되었는데 이들이 고려(高麗: Koryo)를 그들의 아랍어 발음에 따라 쿠리아(Kuriya)로 유럽에 소개하자 서구인은 그들의 발음에 따라 '쿠리아'를 '코레아'(Korea)로 부르게 되었다고 한다. 아랍학자인 하산 이브라힘 하산은 이것이 유럽과 서구세계에 한국이 'Korea'로 알려지게 된 이유라고 주장한다.

제국대장공주(齊國大長公主)는 중국의 원(元)나라 세조(世祖)의 딸로 1274년 고려 충렬왕이 세자(世子)로 원 나라에 체류하고 있을 때 그와 결혼한 후 남편을 따라 고려에 왔다. 그녀를 따라온 시종 가운데 삼가(三哥)라는 무슬림이 있었는데 후에 고려 여인과 결혼한 후 귀화해 성(性)을 장(張)이라 하고 이름은 순용(舜龍)이라 했다. 그는 장군(將軍)의 벼슬에까지 오르며 덕수 장씨(德水張氏)의 시조가 되었다고 한다. 최상수는 『고려사』 열전 제36권에 나오는 장순용에 관한 내용을 분석하면서 무슬림의 한반도와 관계를 맺는 것은 고려가 멸망할 때까지 계속되었다고 했다.

중국에서 명나라가 건국되면서 유교가 지배사상이 되고 청나라가 들어선 후에는 기독교를 비롯한 외국의 종교를 박해하면서 중국 거주 무슬림의 활동을 차단시키게 되었다. 이에 따라 중국을 통해왔던 무슬림의 한반도 왕래도 자연스럽게 단절되었다. 다른 한편으로는 아랍이 해상권을 유럽에 빼앗기면서 아랍상인의 해상교역 활동도 고립되었다. 또한 조선도 성리학 외에 다른 종교를 인정하지 않고 소중화(小中華)를 자처하면서 이슬람과의 교류는 500년 동안 공백기를 가지게 되었다.

그럼에도 불구하고 이슬람문화는 우리나라에 많은 영향을 미쳤다. 그중 대표적인 것이 역법(曆法)이다.『조선왕조실록』에는 세종대왕이 이슬람역법을 받아들이고 신하들에게 산법(算法)을 익히게 하고 산서(算書)와 역법(曆法)을 연구해 책력법(冊曆法)을 만들게 했다고 기록되어 있다. 이슬람력은 태음력으로 이슬람력 17년 제2대 칼리프 우마르가 제정한 것으로 아랍 출신 자말딘(Jamal al Din)에 의해 중국에 전래된 후 중국을 통해 한국에 들어왔다고 한다.

이처럼 신라시대부터 조선시대에 이르기까지 이슬람과 인적 · 물적 교류가 있었고 문화적인 영향을 받았음은 분명하다. 그러나 이슬람교가 전파되었다는 증거나 흔적은 발견되지 않고 있다.

한국전쟁과 이슬람교의 전래

『한국의 이슬람』 연구로 박사학위를 받은 선유경에 따르면 1895년부터 1928년 사이에 정치 망명을 비롯해 일제의 강제징용 또는 일자리를 찾기 위해 최소한 100만 명 이상의 한국인이 만주로 떠났다. 당시 중국에서 이슬람교는 괄목할 만큼 종교적 영향력을 미치고 있었기 때문에 그곳에서 한국인과 중국 무슬림들 사이에 접촉이 이루어짐으로써 상당수의 한국인들이 무슬림이 되었다고 한다.

당시 만주에 있는 일본회사에 근무한 윤두영 씨는 만주에 이슬람교를 믿는 상당수의 한국인들이 있었다고 증언한다. 그는 만주에 있는 이슬람교 성원을 지나가고 있을 때 예배시간이 되었음을 알리는 소리(azan)를 들으며 이슬람교를 처음 접했다.

그가 이슬람교를 받아들인 것은 해방 이후였다. 1943년 만주에서 한국으로 귀국하고 1945년에 광복을 맞은 후 1950년 한국전쟁 때 UN군의 일원으로 한국에 온 터키군이 이슬람교가 한국 땅에 전래된 계기가 된 것이다.

윤두영 씨는 의정부 소재 터키군 막사를 지나면서 만주에서 들었던 아잔을 다시 듣게 되었다. 마음이 움직인 그는 터키 종군(從軍) 이맘 주베이르 코치(Zubair Cochi)를 만나 국내의 한국인으로서는 최초로 이슬람교를 받아들인다. 그는 1955년 9월부터 한국에서 이슬람 포교활동에 들어갔으며 10월에는 한국무슬림협회가 결성되고 1969년 3월에는 문공부로터 재단법인 한국이슬람교로 인가를 취득하게 되었다.

이슬람국가들의 오일머니가 위세를 떨치면서 사우디아라비아를 비롯한 중동의 이슬람권 산유국에 대한 한국정부의 새로운 인식이 시작되었다. 그동안 줄곧 유지되어왔던 친 이스라엘 외교정책에서 아랍권을 고려하게 되었으며 친 아랍정책의 일환으로 주한 이스라엘 공관이 폐쇄되기도 했다. 그런가 하면 한국정부는 1970년 9월 한국이슬람교 재단법인에 이슬람성당 건립용 부지 1500평에 달하는 대지를 기증하기까지 했다.

이는 중동 산유국들과의 외교관계 강화와 거대한 중동 건설시장에서 보다 유리한 조건을 차지하기 위한 외교수단의 일환이었다. 특히 1973년 제1차 석유파동과 우리나라를 포함한 친이스라엘 국가들에 대한 중동 산유국들의 석유금수조치는 석유 한 방울 생산되지 않는 우리의 산업과 생산활동에 큰 위기를 불러왔다.

1970년대 말에서 1980년 초반까지 한국 인력의 대중동 진출이 절정에 이르자 그에 따라 한국 이슬람의 교세도 내적·외적으로 크게 번창했다. 1975년 5월에는 말레이시아의 후원으로 한국 최초의 이슬람 성원 건립이 시작되었으나 내부 사정으로 실패하자 한국정부가 서울 이태원에 기증한 대지에 사우디아라비아 등 여러 이슬람국가의 지원을 받아 1976년에 한국 최초의 이슬람 성원이 탄생했다.

무슬림이 된 슬픈 한국인

1973년 시작된 한국 회사들의 사우디아라비아 진출은 1977년에는 40여 개 회사에 무려 3만 5000명 이상의 한국인이 진출했다. 한국인들은 도로, 항만, 주택, 산업단지, 전화가설 공사 등 사우디아라비아 전 지역에서 모든 분야에 걸쳐 밤낮을 가리지 않고 일했다.

당시 한국의 A사는 한국 국토의 10배에 달하는 사우디아라비아 전 지역을 항공측량과 지상측량을 통해 지도를 만드는 용역을 맡았다. D사는 사우디아라비아 전역에 걸쳐 전화를 가설하는 대형공사를 수주했다. 이 두 회사는 사우디아라비아 전역에 대한 공사를 일

괄 수주했기 때문에 이슬람의 3대 성지 중 메카와 메디나 두 성지에서도 공사를 수행해야만 했다.

그런데 이 두 성지는 이슬람교 신자, 즉 무슬림이 아니면 출입이 엄격히 금지된 곳이다. 성지 공사는 땅을 파고 측량을 하는 일반 근로자에서부터 설계사, 엔지니어, 감독관, 회계사, 업무관장을 위한 회사중역들은 말할 것도 없고 노무관리를 위한 한국 무슬림 외교관도 필요했다. 이 당시 한국의 이슬람교 신자는 열 손가락으로 헤아릴 정도의 숫자밖에 되지 않았다. 그렇다면 이 두 회사, 그중에도 특히 많은 인력을 투입해야 할 D사는 어떻게 성지공사를 해낼 수 있었을까. 다행히 전화선을 묻기 위해 땅을 파는 근로자는 값싼 인도네시아 노동자들로 대체할 수가 있었다. 하지만 나머지 무슬림 인력은 한국회사의 몫이었다.

당시 한국인 무슬림 중에는 단 한 명의 엔지니어도 없었다. A사와 D사는 한국인 무슬림 인력을 만들어내는 길 외에는 다른 방법이 없었다. 이 두 회사는 성지 특수 수당까지 지불하겠다는 약속을 하면서 희망자를 모집했고 일정기간 이들에게 이슬람교육을 시켜 성지공사에 투입하는 최후의 수단을 택했다. 해외수당에다 성지수당까지 추가되면 급여가 만만치 않았기 때문에 지원자들을 구할 수 있었다.

나는 당시 제다 이슬람문화원에서 이들을 위한 아랍어와 이슬람교육을 맡고 있었다. 이슬람문화원은 단기 3개월과 6개월 과정 그리고 장기 1년 과정을 운영하고 있었다. 단기 3개월 과정은 주로 성지에 투입될 한국인을 위한 이슬람교육 과정이었다. D사의 경우는

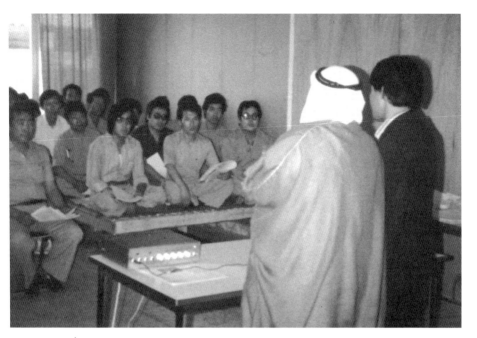

리야드 왕실 공사현장에서 한국의 J사 관리자들에게
이슬람문화교육을 하고 있다. 사우디아라비아 공보부 무함마드 야마니 장관이
이슬람문화를 소개하고 있는 장면이다.

많은 무슬림 인력이 필요했으므로 모집인원도 많았다. 그런데 이들
지원자들은 사우디아라비아 전 지역 현장에서 근무하고 있었기 때
문에 비행기 통학이 아니면 거리가 멀어 제다 이슬람문화원에서 교
육을 받을 수 없었다. 그래서 회사의 협조요청에 따라 나는 각 지역
현장을 방문하면서 교육을 해야만 했다.

　사우디아라비아에는 한국인 간호사도 많았다. 의료 인력을 해외
인력에 의존하고 있던 사우디아라비아로서는 의료수준이 괜찮고
인건비가 저렴한 한국 간호사들이 안성맞춤이었기 때문이다. 리야

드 센트럴 병원에 근무하고 있는 한국 간호사는 253명에 달했다. 이들을 대표한 J수간호사가 오마르 카멜 이슬람문화원장 앞으로 서신을 보내왔다. 언어문제로 환자 진료에 많은 어려움을 겪고 있다고 하면서 아랍어와 이슬람을 배울 수 있는 자료제공과 교육의 기회를 줄 수 없냐는 내용이었다. 이슬람문화원장의 지시에 따라 나는 제다에서 한 시간 반 이상의 비행시간을 마다않고 리야드로 출장강의를 다니며 간호사들을 교육했다.

사우디아라비아 중부에 위치한 까심 지역에 진출했던 J사 지사장은 그 지역 왕자에게 J사 소속 한국인이 이슬람에 관심이 많다면서 이에 대한 관심과 배려를 부탁했다. 그러자 그 왕자는 내가 다니고 있던 대학교 총장에게 서신을 보내 한국 학생을 2주 동안만 파견해달라는 서한을 보냈다. 총장은 곧바로 나를 그곳으로 파견했다.

왕자의 집에서 숙식을 하는 동안 왕자는 J사 지사장과 의논해 구체적인 이슬람교육 과정을 마련해서 보고해달라고 했다. 그에 따라 지사장을 만나 교육과정을 협의하는 과정에서 나는 J사 지사장의 이슬람에 대한 관심과 왕자가 이해하고 있는 한국인들의 이슬람에 대한 관심이 너무나 큰 차이를 보이고 있다는 것을 알게 되었다.

J사 지사장은 사우디아라비아 공무원과 현지인을 상대로 한 관리직 몇 명에게만 이슬람교육을 원했다. 왕자는 J사 소속 한국인 전원에게 이슬람교육을 해주기를 원했다. 그러나 이런 사실을 왕자에게 전하지 못하고 그 지역을 빠져나와야만 했다. 업무협조만을 위해 무슬림을 만들려 한 J사에는 아쉬운 마음이 들었다.

교육을 통한 한국인 무슬림 인력확보는 어렵지 않았다. 그런데 사

법원에서 입교선서식을 갖는 사우디 주재 한국 무슬림 형제들

사우디아라비아 법원에서 이슬람으로 개종 심사를 받고 있는
한국인 노동자들. 외화를 벌기 위해
종교를 바꾸어야만 했던 슬픈 역사의 한 페이지다.

우디아라비아 입국비자 또는 체류증서(iqamah) 종교난에 각자의
종교가 이슬람으로 기록되는 절차가 남아 있었다. 그런데 이들은 이
미 사우디아라비에 들어올 때 받은 입국비자에 불교, 기독교, 무교
등이 기록된 상태였다. 그러므로 자신의 과거 종교를 지우고 이슬람
교로 새로 기록해야 했다. 호적 변경이 법원판결을 거쳐야 하는 것
처럼 여권 내용 변경은 체류 국가의 법원판결을 거쳐야 한다.

  판사는 한국인들에게 이전의 종교를 버리고 이슬람교로 개종하게
된 동기를 주로 물었다. 통역도 내가 해야 했다. 그런데 그들이 개종

중동 특수와 함께 한국의 이슬람도 전성기를 맞았다.
이슬람교 신자가 늘어면서 한국인 이슬람교인들의 성지순례도 활발해졌다.
사진은 1979년에 찍은 한국인 순례자들. 뒤쪽에 태극기가 보인다.

동기를 말할 때 나는 그것을 곧이곧대로 옮길 수가 없었다. 성지에
서 공사를 하기 위해서라거나 돈을 많이 준다고 해서 개종한다고 하
면 허가를 해줄 리가 만무했기 때문이다. 30년도 지난 일이지만 해
외에서 돈을 벌기 위해 종교를 바꾸고, 거짓말로 통역해야 했던 상
황을 돌이켜보면 지금도 마음이 아프다.

   1979년 사우디아라비아에 진출한 회사 중에서 12개 회사에서 배
출한 한국 무슬림 중에서 100명이 메카 대순례를 했으며 1980년 2
월 16일자로 제다 이슬람문화원이 메디나 이슬람대학교에 보고한
자료에 따르면 이슬람문화원을 통해서 배출된 한국인 무슬림 숫자
는 2000명을 넘었고 이슬람력 1402년(서력1982년) 7월 22일자로
메카 지역 통치자인 마지드 빈 압둘아지즈(Majid bin Abdulaziz)

왕자에게 제출한 보고서에 따르면 그 수는 3200명에 달했다. 당시 제다 소재 한국 대사관의 일부 외교관들도 메카와 메디나에 진출한 한국인의 노무관리와 정무를 위해 이슬람교로 개종한 사람들도 있었다.

한국회사들의 중동진출이 절정기에 이르면서 한국의 이슬람도 전성기를 맞은 때였다.

사막의 신기루같이 사라진 한국의 이슬람 학교

사우디아라비아에서 유학하던 시절 그곳에 거주하고 있는 한국인들을 위한 이슬람문화원(markaz al-thaqafah al-islami)이 정부의 허가를 받아 개원식을 갖고 공식적으로 아랍어와 이슬람교육에 들어갔다. 비록 한국 땅이 아닌 사우디아라비아에, 한국무슬림연합회(KMF)의 재정지원이 아닌 오마르 압달라 카멜(Omar Abdullah Kamel)이라는 한 실업가의 지원을 받아 설립되기는 했지만 이것이 한국인들을 위한 최초의 이슬람교육기관인 것만은 틀림없는 사실이다. 자료에는 한국 이슬람교 연합회가 지원하여 사우디아라비아에 지회로 설립된 것으로 기록되어 있으나 사실과는 다르다.

1979년 5월 25일은 그곳 한국인들을 위한 라디오 한국어방송 허가가 난 날이다. 나는 낮에는 학생신분이었으나 야간에는 한국인들에게 아랍어와 이슬람문화를 가르치는 전임교수로 그곳 이슬람문화원에서 근무하고 있었다. 당시 문화공보부 수장으로 있던 무함마드 압두 야마니(Muhammad Abdu Yamani) 장관이 한국방송 허가 신청 절차를 위해 수도 리야드로 나를 불렀다. 오마르 압달라 카멜

사우디아라비아에서 최초로 세워진 이슬람문화원.
실업가인 오마르 압달라 카멜의 지원을 받아 설립되었다.
이 문화원은 한국인을 위한 최초의 이슬람 교육기관이었다.

의 협조요청이 크게 작용한 것이다.

당시 리야드 왕궁 공사를 하고 있던 H사 소속의 한국근로자들이 이슬람에 깊은 관심을 가졌던 것도 한몫했다. 내가 장관실에 도착하자마자 장관은 나를 데리고 한국회사 강당으로 갔다. 이슬람에 관심을 보인 한국인들에게 강연을 하고 나에게 한국어 통역을 요구하기 위해서였다. 방송허가 절차를 마칠 때까지 1주일 동안 장관 관사에 머물면서 몇 차례의 장관 통역을 했고 어렵지 않게 사우디아라비아에서 한국어방송 허가를 받았다. 한국 소식과 더불어 이슬람에 관한 한국어방송은 매주 화요일과 금요일 각각 한 시간씩 전파를 탔다.

1981년 육영재단 소속 부산남도여중학교 재단 P이사장이 이슬람에 관심을 갖고 학생들에게 이슬람을 소개하고 파키스탄 출신 무슬림 M교사를 초청하여 기초아랍어와 이슬람을 가르친 결과 1981년 여름에는 이슬람을 받아들인 여학생들이 300명이 되었고 1984년에는 450명을 넘어서면서 P이사장은 이 학교에 무슬림 여학생을 위한 성원(masjid) 건립의 필요성을 제기했다. 이 소식은 한국인을 위해 이슬람문화원을 설립한 실업가와 한국어방송을 허가해준 장관에게 전해졌다. 이슬람교육기관으로 공식 승인을 받은 것은 아니지만 거의 모든 학생이 이슬람을 받아들인 한국 최초의 이슬람 여자중학교였다.

1983년 11월 21일 P이사장은 이사회의 의결을 거쳐 부산에 이슬람 남자고등학교를 설립하기로 하고 1800명(각 학년 600명) 모집으로 설립 안을 만들어 실업가인 오마르 압달라 카멜에게 건축비 지원을 제의했다. 학교 부지는 육영재단에서 제공하는 조건이었다. 당시 이 실업가는 달라(Dallah) 그룹의 부사장이었다. 달라 그룹의 사장은 그의 형 살레 압달라 카멜(Saleh Abdulla Kamel)로 미국과 메카에 본부를 두고 무함마드 압두 야미니 장관이 대표인 이끄라 자선기구(iqraa charitable society)를 설립한 인물이었다.

부산 이슬람 고등학교 설립은 이끄라 재단에서 건축비를 지원하기로 하고 학교 이름은 알리빈아비탈립(Ali bin Abi Talib)으로 결정되었다.(「합의서」, 1984년 3월 2일) 예언자 무함마드의 사촌동생이자 사위인 알리 빈 아비 탈립이 이슬람 역사에서 이슬람 교육의 선구자로 평가받는 점을 감안한 작명이었다. 부산시 교육청에는 줄여서 알리(Ali) 고등학교로 등록신청을 했다.

한국 최초로 이슬람을 받아들였던 남도여중학교. 여학생들과 선생님들이
이슬람문화에 관한 강의를 듣고 있다. 남도여중은 이후 일반학교로 전환되었다.

1985년 4월 19일 문교부 장관으로부터 알리 고등학교 설립인가
를 취득하고 이끄라 재단의 제1차 건축비 지원을 받아 공사에 들어
가 예정대로 1986년 3월 11일 1학년 348명 입학을 시작으로 한국
최초의 이슬람 고등학교가 문을 열었다. 그다음 해인 1987년 신입
생 입학식에는 이끄라 재단의 대표가 참석하여 교사와 학생들을 격
려하면서 이 학교와 졸업생들이 한국과 아랍세계 및 이슬람세계와
의 교류증진과 발전에 큰 역할을 기대한다고 말했다. 그러기 위해서
이끄라 재단은 이 학교 발전을 위해 지속적으로 투자와 지원을 할
것이라고 약속했다.

그리고 이사회가 열렸다. 나는 알리 고등학교 재단이사회 일원으

알리고등학교는 한국 최초로 허가된 이슬람 남자고등학교다.
그러나 이 학교도 2년 만에 일반학교로 전환되었다.

로 참석했다. 그런데 이사회 구성원 중에 한국 측 이사 몇 명의 불화와 사적인 이해관계 다툼으로 정상적인 이사회가 진행되지 못했다. 이 모습을 지켜본 이끄라 재단 대표는 투자할 의욕을 상실하고 귀국길에 올랐다. 이끄라 재단은 이 학교에 더 이상 투자할 가치가 없다는 판단을 내리게 되고 결국 한 학기 만에 관선이사가 투입되면서 한국 최초의 이슬람 고등학교는 사라지고 말았다. 이와 더불어 제다 이슬람문화원의 운영을 맡고 있던 J씨는 사우디아라비아를 떠나야만 했고 설립자는 이 센터를 폐쇄시켜버렸다. 이로써 한국인을 위해 설립된 최초의 이슬람문화원도 사막의 신기루처럼 사라지고 말았다.

1977년 5월에 한국을 방문한 쿠웨이트의 실업가이자 이슬람 지도자인 압둘라 알리 무타와의 제의로 1978년 한국이슬람교연합회는 한국 이슬람 대학 설립추진위원회를 구성하고 1979년 7월 정부 초청으로 한국을 방문한 사우디아라비아 내무부 장관 나이프 빈 압둘아지즈(Naif bin Abdulaziz)에게 이 안을 제안했다. 나이프 장관은 이 안을 한국정부에 소개하면서 한국정부의 지원을 타진했고 한국정부가 대학 부지를 제공하겠다는 약속을 함으로써 한국-사우디아라비아 양국 정부 사이에 실무접촉이 본격적으로 시작되었다.

1981년 7월 문교부는 한국 이슬람 대학 설립을 인가했다. 이에 따라 47개 이슬람국가들로부터 지도급 인사 45명과 한국 정부 관련 장관들은 한국정부가 제공한 용인시 소재 대학부지에서 성대한 한국 이슬람 대학 건축 기공식을 가졌다. 그 이후로 나는 이 대학 설립 실무자로써 사우디아라비아 파하드 국왕을 접견하는 등 20년 동안 사우디아라비아, 이슬람 개발은행, 전세계이슬람총연맹, 국제 이슬람회의 등을 찾아다니며 실무를 보았다.

1982년 12월에 양국 합동 회의가 서울에서 개최되었다. 이맘 무함마드 이븐 사우드 이슬람대학교 총장을 단장으로 한 외무부, 내무부, 재무부 대표들로 구성된 사우디아라비아 사절단과 한국 측에서는 내무부 기획관리실장을 위원장으로 한 외무부, 문교부, 건설부, 문화공보부 대표로 구성된 위원회 간의 실무회의가 열렸다. 이 회의에서 한-사 공동위원회는 1984년 3월 개교 예정으로 학교부지는 한국에서 제공하고 건축비와 운영비 일체는 사우디아라비아에서

한국 이슬람 대학교 기공식과 한국 이슬람 대학교 조감도.
한때 한국에는 이슬람 대학교가 세워질 기회가 있었다. 중동 특수를 기반으로
한국은 이슬람과의 교류를 넓혔으나 중동 특수가 시들해지자 문화교류도
신기루처럼 사라져버렸다. 그 결과 우리는 세계의 4분의 1과 멀어지게 되었다.

전액 부담한다는 기본 원칙, 대학 구성은 3개 학부(이슬람학부, 인문학부, 경상학부)에 8개 학과(이슬람학과, 이슬람법학과, 아랍어과, 국어국문학과, 영어영문학과, 경영학과, 무역학과, 경제학과)로 초창기 졸업정원 320명, 4년 재적학생 총 수는 1280명으로 한다는 데 합의했다.

그러나 대학건축은 지지부진했다. 당초 한국이슬람교연합회에서 사우디아라비아 정부에 제안했던 예상 건축비는 단과대학에 400만 달러 규모였다. 그러나 한국에서 개최된 제1차 한-사우디 공동위원회에서 4000만 달러의 종합대학교 규모로 10배를 확대 제안하면서 협의가 타결되지 못했다. 그러다가 2005년에 한국정부에서 한국 이슬람 대학 설립을 목적으로 제공한 부지를 한국이슬람교연합회가

용인시에 매각하면서 결국 한국 최초의 이슬람 대학교 역시 없었던
일이 되고 말았다.

한 우물을 파자

🍎 맺는 말

'너 정신 나갔니?'라는 꼬리표를 달고 1976년 12월 14일 이슬람의 종주국 사우디아라비아에 발을 디딘 지 36년이 지났다. 그동안 내가 여행한 이슬람세계는 넓고 방대했다. 아시아 대륙에서부터 아프리카 대륙에 걸쳐 57개 이슬람국가가 펼쳐져 있고 무슬림 인구는 16억을 훨씬 넘는다. 이들은 모두가 종교와 예배생활에서 『꾸란』을 사용하고 22개 국가는 『꾸란』의 언어인 아랍어를 모국어로 쓰고 있다.

이슬람세계의 기후와 자연환경은 다양하고 인종도 가지각색이다. 지옥불처럼 뜨겁고 풀 한 포기 없이 바다처럼 펼쳐진 사막지대가 있는가 하면 천국의 날씨처럼 아름다운 기후와 천혜의 자연환경을 가진 나라도 있었다. 인종도 다양하다. 그들은 같은 신을 믿으며 차별받지 않고 같은 무슬림으로서 어울린다. 백인이 흑인보다 잘난 것 없고 흑인이 백인보다 못난 것 없다며 인종차별을 금지한 예언자 무함마드는 피부색이 아니라 아담의 자식을 보았다.

이슬람세계의 문화는 다양한 상(像)을 가지고 있다. 국회와 국회의원이 없는 군주제를 채택하고 있는 나라가 있는가 하면 서구세계의 정치문화와 다를 바 없는 민주주의 정치체제를 유지하고 있는 나라도 있다. 사회주의를 표방하는 나라도 있다. 그러나 57개 이슬람국가 중 공산주의 국가는 없다. 유신론(有神論)에 바탕을 둔 이슬람의 이념과 사상이 무신론(無神論)에 근거한 공산주의를 받아들일 수 없기 때문이었다.

유대교와 기독교가 다른 종교를 철저히 배척하고 있는 것과는 달리 이슬람문화는 이를 수용하고 있다. 유대교의 여호와와 기독교의 하나님과 이슬람교의 알라를 서로 다른 신으로 보지 않고 동일한 유일신의 창조주로 받들면서 아담과 하와를 인류의 시조로 믿는다. 모세나 예수도 믿고 있었고 이슬람교에만 구원이 있는 것이 아니라 유대교와 기독교에도 구원이 있다고 했다. 모세, 예수, 무함마드 세 사람 모두 중동에서 태어나 그곳에서 세상을 떠났다. 두 명을 제외하고는 『성경』에 등장한 인물과 『꾸란』에 등장한 인물이 동일할 뿐만 아니라 그들과 관련된 이야기도 다르지 않다.

이슬람세계는 지하자원과 산림자원과 천연자원과 태양열이 풍부한 자원의 보고(寶庫)일 뿐만 아니라 거대한 시장이다. 이처럼 방대한 이슬람세계를 우리의 일터로 만들기 위해서는 16억 무슬림을 우리의 친구로 만들어야 한다. 그러기 위해서는 정치·경제·사회·문화와, 그들의 정신문화에 절대적인 영향을 미치고 있는 이슬람에 대한 정확한 상식과 지식이 뒷받침되어야 할 것이다. 나는 지난 36년 동안 이슬람을 공부하고 여행하면서 과연 한국인은 이슬람을 '얼마나 잘못 알고 있는가!'라는 것을 발견하게 되었다.

이슬람세계를 바로 알면 생각나는 것이 많고 눈에 떠오르는 것이 많으며 손에 잡히는 것이 많아질 것이다. 불가능할 것이라고 생각한 것도 도전하면 도전한 것 이상을 얻게 되고, 하기 싫은 것도 해내고 나면 뜻밖의 행운이 찾아오며, 한 우물을 깊이 파다보면 사방팔방에서 물이 깊은 곳으로 흘러들어온다는 것을 나는 경험했다. 이것이 내가 독자들에게 해주고 싶은 말이다.

지은이 **최영길** 崔永吉

한국외국어대학교 아랍어과 학부와 석사과정에서 아랍어와 아랍 문학을
전공했다. 사우디아라비아 왕립이슬람대학교 학부과정에서 이슬람학을
전공하고 수단 움두르만 이슬람국립대학교에서 한국인 최초로 이슬람학
박사학위를 받았다.

사우디아라비아 제다 이슬람문화원에서 아랍어와 이슬람 담당 전임교수
로 근무했고 이맘 무함마드 이븐 사우드 왕립대학교 초청 객원교수를 지
냈다. 명지대학교 인문대학장을 역임하고 지금은 명지대학교 아랍지역과
교수로 있으면서 서울대학교, 서강대학교에서 이슬람관련 과목을 강의하
고 있다.

그밖에 한국 중·고등학교 아랍어 국정교과서 교재 편찬 심의위원, IMAX
벤처기업과 LG전자 자문교수를 지냈으며 지금은 메카에 본부를 두고 있
는 전세계이슬람총연맹 최고회의 위원, (사)그린레인저 이사장, (재)국제
자연환경교육재단 이사장으로 있다.

『꾸란』번역을 비롯해, 『꾸란 주해』『예언자 무함마드』『인간 무함마드』
『다양한 이슬람 이야기 1~5』『무함마드의 언행록 1~3』『아랍어─한글
사전』『꾸란 어휘사전』『EBS 입에서 톡 아랍어』『이슬람문화』『이슬람역
사와 문화』『꾸란과 성서의 예언자들』『이슬람의 허용과 금기』등 65여권
의 아랍어와 이슬람 관련 책을 저술하고 번역했다. 2009년에는 사우디아
라비아 압둘라 이븐 압둘아지즈 국왕 국제번역상을 받기도 했다.